Ulrich Deh
Kfz-Klimaanlagen

Service-Fibel

Dr.-Ing. habil. Ulrich Deh

Kfz-Klimaanlagen

Vogel Buchverlag

Dr.-Ing. habil. Ulrich Deh
Jahrgang 1941, Lehre als Schiffsschlosser, Studium an der Universität Rostock, Dipl.-Ing. für Schiffsmaschinenbau, Lehr- und Forschungstätigkeit an der Technischen Universität Magdeburg, Promotion und Habilitation auf dem Gebiet der Konstruktionstechnik, Dozent für CAD und Grundlagenfächer in der Kfz-Techniker- und Meisterausbildung.

Die Deutsche Bibliothek – CIP-Einheitsaufnahme

Deh, Ulrich:
Kfz-Klimaanlagen / Ulrich Deh. – 1. Aufl. –
Würzburg : Vogel, 1999
ISBN 3-8023-1806-4

ISBN 3-8023-1806-4
1. Auflage 1999

Herstellung: Vogel Verlag, Würzburg
Satz: dtp–project, Rimpar

Vorwort

Der Anteil an Personenkraftwagen, die bereits von den Herstellern mit Klimaanlagen ausgerüstet werden, nimmt stetig zu, und bereits ausgelieferte Fahrzeuge werden immer häufiger mit Klimaanlagen nachgerüstet. Damit verbunden sind Wartungsarbeiten, die die Werkstätten vor neue Anforderungen stellen und ein geschultes Personal benötigen.

Die Luftbehandlung beschränkt sich nicht nur auf Heizen und Lüften, was mit traditionellen Ausrüstungen wie Wärmeaustauscher und Lüfter bewerkstelligt werden kann, sondern es kommen Kühlen, Trocknen, Mischen und teilweise auch Befeuchten hinzu. Das dabei angewendete technische Prinzip des Wärmetransportes unter Ausnutzung der Änderung des Aggregatszustandes des Betriebsstoffes, nämlich des Kältemittels, in einem geschlossenen Kreisprozeß ist für den Kraftfahrzeugtechniker neu. Voraussetzung für einen fachgerechten Umgang mit der Klimaanlage sind umfassende Kenntnisse über das Verhalten des Kältemittels, des Kältemaschinenöls in allen möglichen Betriebszuständen der Anlage sowie Eventualitäten, dic im Nutzungszyklus eines Kraftfahrzeugs eintreten können.

Aber nicht nur den Kältemittelkreislauf, auf den sich das technische Interesse meistens konzentriert, muß ein Wartungstechniker beherrschen, auch die lufttechnischen Angelegenheiten sind wichtig, denn erst mit der richtig konditionierten Luft wird die mit der Klimaanlage angestrebte Behaglichkeit für Insassen erreicht. Deshalb muß der Wartungstechniker seinen Kunden auch den richtigen Gebrauch der Anlage bei unterschiedlichen Raum- und Außenluftzuständen erklären können.

Kfz-Meister, -Mechaniker, Techniker und Auszubildende erhalten hiermit eine zusammenfassende Darstellung der physikalischen, technischen und sicherheitstechnischen Probleme, die im Zusammenhang mit Pkw-Klimaanlagen entstehen. Auch als Nachschlagewerk ist das Buch wertvoll. Anhand von Wiederholungsfragen kann man den erreichten Kenntnisstand selbständig überprüfen. Soweit es möglich war, sind Betriebsdaten verschiedener Fahrzeugtypen und Fahrzeughersteller aufgenommen worden.

Aus der Erfahrung mehrjähriger Tätigkeit in der Ausbildung von Kfz-Meistern wurden die physikalischen Zusammenhänge (auch die thermodynamischen Grundlagen) so beschrieben, daß allgemeine mathematische Kenntnisse zum Verständnis ausreichen.

Danken möchte ich allen fachkundigen Helfern, insbesondere den Unternehmen der Kfz-Industrie, die technische Daten und Bildmaterial zur Verfügung gestellt haben, sowie dem Geschäftsführer der Fachakademie für Technik und Betriebswirtschaft Magdeburg für die stetige Förderung des Projektes.

Magdeburg Dr. Ulrich Deh

Inhaltsverzeichnis

1 Einleitung

Klimaanlagen in Kraftfahrzeugen erfreuen sich zunehmender Beliebtheit. Neben dem größeren Komfort bieten sie eine wesentliche Zunahme der passiven Sicherheit, da die Konzentrationsfähigkeit des Fahrers durch ein optimal eingestelltes Innenraumklima unterstützt wird.

Werkstätten erhalten durch Wartung und Nachrüstung von Klimaanlagen ein neues Betätigungsfeld. Dafür wird sachkundiges Personal benötigt, das durch Ausbildung und Schulung zu qualifizieren ist. Sachkunde auf dem Gebiet der Kraftfahrzeug-Klimaanlagen enthält im wesentlichen Grundkenntnisse über die Luftbehandlung, Detailkenntnis der erforderlichen Gerätetechnik und des dazu vom Gesetzgeber erlassenen Vorschriften- und Regelwerkes sowie handwerkliche Fertigkeiten.

Das vorliegende Material unterstützt die Durchführung von Lehrgängen zum Erwerb der Sachkunde, fördert die individuelle Vorbereitung des Lehrgangsteilnehmers auf die Sachkundigenprüfung und dient bei auftretenden Problemen als Nachschlagewerk.

2 Anforderungen an das Raumklima im Kfz

Die Anforderungen an das Raumklima in Kraftfahrzeugen werden durch die zu befördernden Personen und Güter bestimmt. Hier stehen die für den Personentransport wichtigen Anforderungen im Vordergrund. Vom Standpunkt der Sicherheit des Straßenverkehrs ist dem Führer des Kraftfahrzeugs besondere Aufmerksamkeit zu widmen. Ihm sind nach Möglichkeit alle Mittel der passiven Sicherheit zu gewähren. Dazu gehören vor allen Dingen die Maßnahmen, die die Aufmerksamkeit beim Führen des Fahrzeugs auch über einen längeren Zeitraum erhalten. Die Konzentrationsfähigkeit eines Menschen wird durch schlechte atmosphärische Bedingungen, wie hohe Temperaturen, hohe Luftfeuchtigkeit und Staub-, Lärm- und Geruchsbelästigungen negativ beeinflußt. Durch eine Klimatisierung der Raumluft kann man diese Einflüsse großenteils ausschalten.

Neben den objektiven Voraussetzungen für das sichere Führen eines Kraftfahrzeugs sind die subjektiven Voraussetzungen des Fahrers von großer Bedeutung. Dazu muß man das Wohlgefühl des Fahrers zählen. In der Klimatechnik hat man versucht, dieses subjektive Empfinden unter dem Begriff der Behaglichkeit zu objektivieren. Sie wird von thermischen, chemischen, physikalischen und optischen Komponenten beeinflußt.

Natürlich dienen die Maßnahmen zur Verbesserung des Raumklimas im Kfz auch der Behaglichkeit von anderen Fahrzeuginsassen, um Reisen und Fahren auch unter widrigen Witterungsbedingungen angenehm zu machen. Klimaanlagen in Personenkraftwagen bieten dem Fahrgast neben einem zweifellos höheren Komfort auch ein größeres Maß an Sicherheit.

2.1 Thermische Behaglichkeit

Das Wärmeempfinden des Menschen wird durch Temperatur, Feuchtigkeit und Strömungsgeschwindigkeit der Umgebungsluft maßgeblich beeinflußt. Als weitere Komponente kommt die Temperatur der Umschließungsflächen des Raums hinzu. Diese 4 Komponenten beeinflussen sich teilweise gegenseitig. Temperatur, Feuchtigkeit und Verteilung der Luft können mit Klimaanlagen gesteuert werden.

Die Temperatur der Raumumschließungsflächen wird durch das Design sowie die verwendeten Materialien für Innenraumverkleidungen und Isolierungen beeinflußt. Der negative Einfluß zu kalter Flächen auf das Behaglichkeitsgefühl kann durch eine richtige Wahl der 3 anderen Komponenten reduziert werden. Die Temperatur und in gewissem Umfang auch die Feuchtigkeit der Luft werden mit den heute in Kfz üblichen Klimaanlagen gesteuert.

Zu starke Luftbewegung, die den sitzenden Menschen einseitig trifft, wird als Zug empfunden. Zur Verhinderung von Zugerscheinungen kann die Raumluftgeschwindigkeit im Kfz über die Lüfterleistung und zusätzlich an den in Richtung und Volumenstrom veränderlichen Luftaustrittsdüsen geregelt werden. Insbesondere kann dadurch eine gleichmäßige Temperaturverteilung erreicht werden, was z.B. im Sommerbetrieb von Bedeutung ist, wo in Fahrerhäusern von Nkw in Kopfhöhe gemessene Temperaturen von 50 °C und mehr keine Seltenheit sind.

Die in Abhängigkeit von der Außentemperatur bei bestimmtem Luftdurchsatz als behaglich empfundenen Innentemperaturen sind aus dem Diagramm Bild 2.1 zu entnehmen.

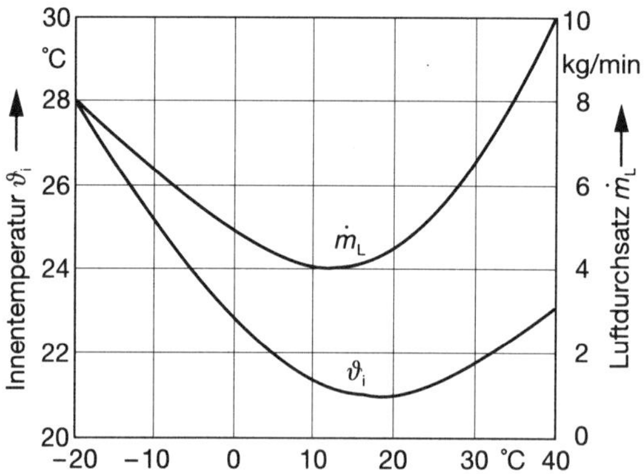

Bild 2.1
Behaglichkeit der Innentemperatur und des Luftdurchsatzes bei unterschiedlichen Außentemperaturen

2.2 Weitere Einflüsse

Die Qualität der Raumluft wird durch die CO_2-Abgabe sowie durch Geruchs-, Ekelstoffe und Tabakqualm negativ beeinflußt. Zur objektiven Beurteilung der Luftverunreinigung durch Personen dient die Maßeinheit Olf (olfacation – Geruchssinn). Sie ist definiert als Luftverunreinigung, die von einem durchschnittlichen, nichtrauchenden Erwachsenen bei sitzender Tätigkeit an einem nichtgewerblichen Arbeitsplatz in behaglicher Wärme ausgeht und der einen Hygienestand von 0,7 Bädern/Tag bei täglich frischer Wäsche hat. Die Stärke von Geruchsquellen wird durch die Angabe in Olf mit der Wirkung der entsprechenden Anzahl von «Standardpersonen» verglichen.

Staub, Pollen, Sporen, Abgase und Gerüche sind weitere Verunreinigungen, die die Qualität der Atemluft mindern und ihre Reinigung mit entsprechenden Filtern erforderlich machen.

Die Wirkung von elektrischen Feldern und Ionenkonzentrationen auf den Menschen ist gegenwärtig nicht ausreichend geklärt. Sie wird deshalb weder bei der Gebäudeklimatisierung noch bei der Fahrzeugklimatisierung berücksichtigt.

3 Konditionierung der Luft

Die uns umgebende Luft ist ein Gemisch aus Gasen und unsichtbarem Wasserdampf. Physikalisch und technisch reicht es aus, die Komponenten trockene Luft mit den Volumenbestandteilen

Stickstoff	78,08%
Sauerstoff	20,95%
Argon	0,93%
Kohlendioxid	0,03%

sowie weiteren Edelgasen und Wasserdampf zu unterscheiden. Der Wasserdampfanteil kann je nach Witterungslage 0,5...3% Gewichtsanteile betragen. Mit Klimaanlagen oder -geräten wird also der Zustand der feuchten Luft verändert bzw. konditioniert.

3.1 Zustandsgrößen der Luft

In der Thermodynamik wird der jeweilige Zustand eines Gases durch physikalische Größen beschrieben. Der Zustand der feuchten Luft wird durch die Zustandsgrößen

Temperatur:	T	[K]
Dichte:	ρ	[kg/m^3]
Druck:	p	[Pa]
Wassergehalt:	x	[g/kg]
Enthalpie:	h	[Ws/kg]

angegeben.

Den Zusammenhang zwischen den Zustandsgrößen gibt die Zustandsgleichung für ideale Gase an. Sie lauten für die beiden Mischungskomponenten trockene Luft und Dampf

$$p_L = m_L \cdot R_L \cdot T/V$$
$$p_D = m_D \cdot R_D \cdot T/V$$

Die Gaskonstanten haben die Zahlenwerte

$R_L = 287{,}1$ J/kg K
$R_D = 461{,}5$ J/kg K

In der Klimatechnik erfolgt die Temperaturangabe häufig nach der Celsiusskala. Als Formelzeichen wird dann der Buchstabe ϑ (Griechisch: «teta») verwendet. Weitere Temperaturskalen sowie die Umrechnungen sind in Bild 3.1 angegeben.

Der Wassergehalt x der Luft oder ihre absolute Feuchte ist das Massenverhältnis von Wasserdampf und trockener Luft.

$$x = m_D/m_L$$

Luft kann bei einer bestimmten Temperatur und einem bestimmten Druck nur eine begrenzte Wassermenge aufnehmen. Die Sättigungsdampfmenge wird mit x_S bezeichnet. Bei einer Verringerung der Tem-

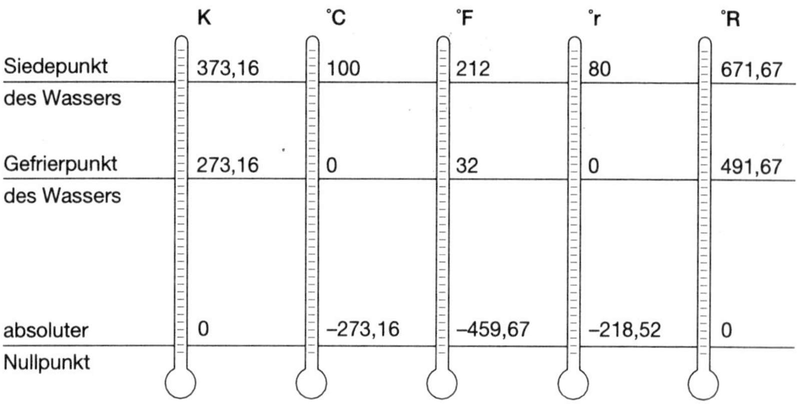

K = °C + 273,16
K = (°F + 459,67) / 1,8
K = (°r · 1,25) + 273,16
K = °R / 1,8

°C = (°F – 32) / 1,8
°C = K – 273,16

Bild 3.1
Temperaturskalen und ihre Umrechnungen

peratur kondensiert ein Teil des Wasserdampfes. An kalten Umgebungsflächen wird Schwitzwasser abgeschieden.

Dem Feuchteempfinden des Menschen als Behaglichkeitskomponente entspricht die relative Feuchte

$$\varphi = x/x_S$$

Sie drückt aus, welches Verhältnis zwischen der in der Luft vorhandenen Wasserdampfmenge zu einer bei gleicher Temperatur und gleichem Druck maximal möglichen Wasserdampfmenge besteht. Die Angabe erfolgt in Prozent.

Ein Beispiel verdeutlicht die Zusammenhänge: Bei einer herbstlichen Wetterlage wird eine Tagestemperatur von 18 °C bei einer relativen Luftfeuchtigkeit von 82% erreicht. In der darauffolgenden Nacht sinkt die Temperatur auf 8 °C. Besteht die Gefahr der Nebelbildung?

Aus einschlägigen Tabellenbüchern kann entnommen werden, daß bei ϑ_1 = 18 °C die Sättigungsdampfmenge x_{S1} = 15,4 g/m³ und bei ϑ_2 = 8 °C, x_{S2} = 7,8 g/m³ beträgt.
Der Wassergehalt der Luft bei ϑ_1 = 18 °C und φ = 0,82 beträgt

$$x_1 = \varphi \cdot x_{S1} = 0{,}82 \cdot 15{,}4 \text{ g/m}^3 = 12{,}6 \text{ g/m}^3$$

Bei ϑ_2 = 8 °C kann 1 m³ Luft nur x_{S2} = 7,8 g Wasserdampf aufnehmen, so daß

$$x_1 - x_{S2} = (12{,}6 - 7{,}8) \text{ g/m}^3 = 4{,}8 \text{ g/m}^3$$

ausgeschieden werden, die sich in Tröpfchenform als Tau niederschlagen oder in feinster Verteilung als Nebel in der Schwebe bleiben.

Der Druck ist die auf die Fläche bezogene Wirkung einer Kraft. In Flüssigkeiten und Gasen breitet sich der Druck in alle Richtungen gleichmäßig aus. Der absolute Druck in einem Behälter setzt sich immer zusammen aus dem Druck der umgebenden Atmosphäre p_{amb} und dem nutzbaren oder effektiven Druck p_e

$$p = p_{amb} + p_e$$

In einem Gasgemisch wird der Gesamtdruck aus den Teildrücken der Mischungsteilnehmer erzeugt (Daltonsches Gesetz). Für feuchte Luft gilt somit

$$p = p_L + p_D$$

Die Maßeinheit des Druckes ist

$$N/m^2 = Pa = MPa/10^6 = bar/10^5$$

Die Dichte der feuchten Luft ist der Quotient aus Masse und Volumen. Die Masse besteht aus den Teilmassen der trockenen Luft und des Wasserdampfes.

$$\rho = (m_L + m_D)/V = m_L/V + m_D/V = \rho_L + \rho_D$$

Da die Dichte von Wasserdampf kleiner ist als die der trockenen Luft, ist feuchte Luft leichter als trockene. Infolge dessen steigt sie auf.

Der Wärmeinhalt eines trockenen Gases wird bestimmt durch die Masse m, die Wärmekapazität c und die Temperatur t.

$$Q = m \cdot c \cdot T$$

Wählt man als Bezugstemperatur $\vartheta = 0$ °C und bezieht den Wärmeinhalt auf die Masse, erhält man die spezifische Enthalpie

$$h = Q/m = c \cdot \vartheta$$

Die Enthalpie der feuchten Luft setzt sich aus dem Wärmeinhalt der trockenen Luft, dem von Wasserdampf und der Verdampfungswärme zusammen.

$$h = c_L \cdot \vartheta + c_D \cdot \vartheta + x \cdot r$$

Der Ausdruck $x \cdot r$ ist die zum Verdampfen der entsprechenden Wassermenge erforderliche Wärmemenge. Der Wärmeanteil $c_L \cdot \vartheta + c_D \cdot \vartheta$ ist mit Hilfe der Temperaturmessung bestimmbar und wird deshalb sensible (fühlbare) Wärme genannt. Die Verdampfungswärme wird als latente (verborgene) Wärme bezeichnet. Beide Wärmeanteile werden bei der Bestimmung der Kühlleistung der Klimaanlage berücksichtigt.

Um unterschiedliche Gasvolumen vergleichen zu können, ist in DIN 1343 der Normzustand mit

$\vartheta_n = 0$ °C bzw. $T_n = 273{,}15$ K und
$p_n = 1{,}01325$ bar

festgelegt.

3.2 Verdampfung und Kondensation von Flüssigkeiten

Wird Wasser bei Umgebungsdruck von 1 bar erwärmt, so verdampft es unter weiterer Wärmeaufnahme bei einer konstanten Siedetemperatur von 100 °C. Erhöht man den Umgebungsdruck des Wassers, so tritt die Dampfbildung erst bei einer höheren Temperatur ein. Es sind folgende bemerkenswerten Erscheinungen zu beobachten:

- Dampfbildung erfolgt bei einer konstanten Temperatur.
- Zur Erhaltung des Prozesses ist ständige Wärmezufuhr erforderlich.
- Eine Temperaturerhöhung tritt erst wieder ein, wenn das Wasser restlos verdampft ist.

Die Dampfdruckkurve, Bild 3.2, trennt den flüssigen (links) vom gasförmigen (rechts) Zustandsbereich. Je nach Zustand (Temperatur und Druck) ist eine bestimmte Wärmemenge – die Verdampfungswärme – zur Verdampfung einer bestimmten Flüssigkeitsmenge erforderlich.

Der geschilderte Prozeß ist umkehrbar (reversibel). Wird Wasserdampf abgekühlt, so kondensiert das Wasser in Tröpfchenform, z.B. als Schwitzwasser an einer kalten Wand oder freischwebend als Nebel. Dabei wird die ursprünglich zum Verdampfen aufgewendete Energie frei.

Der physikalische Effekt des Wärmeaustausches bei der Verdampfung und Kondensation der Flüssigkeit wird in der Kältetechnik genutzt. Die zum Verdampfen des Kältemittels erforderliche Energie wird dem Kühlgut entzogen. Die Kondensation des Kältemittels erfolgt durch Abführen dieser Wärme nachdem die Temperatur durch Verdichten des Kältemittels erhöht wurde. Voraussetzung ist ein Kältemittel, dessen Dampfdruckkurve in einem technisch verwertbaren Bereich liegt. Um den Wärmeaustausch im Temperaturbereich des

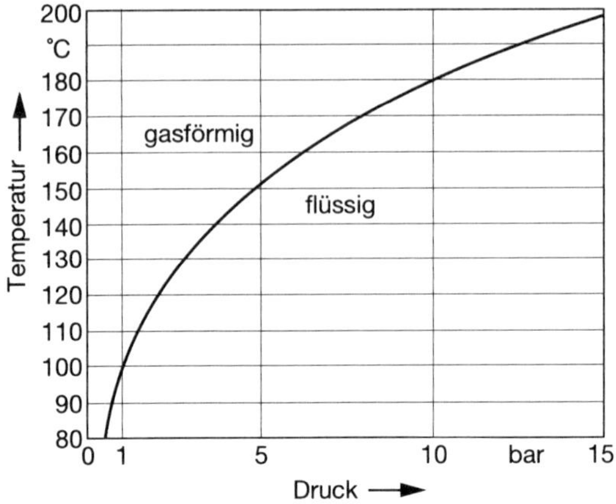

Bild 3.2
Dampfdruckkurve des Wassers

zu kühlenden Gutes zu ermöglichen, muß die Dampfdruckkurve der technischen Kältemittel bei Temperaturen zwischen –40...+100 °C und bei Drücken bis etwa 40 bar verlaufen.

An der Luft setzt die Dampfbildung bereits unterhalb des Siedepunktes ein. Diese Erscheinung wird als Verdunstung bezeichnet. Begrenzt wird die Verdunstung des Wassers durch den Sättigungsdruck.

3.3 *h*-*x*-Diagramm

Um den Zusammenhang der Zustandsgrößen der feuchten Luft zu veranschaulichen und auf diese Weise bei der Auslegung von Heizungs-, Lüftungs- und Klimaanlagen schnell zu verbindlichen Aussagen zu kommen, wurden Diagramme entwickelt. Erstmals wurde 1911 von WILLIS H. CARRIER ein solches Diagramm aufgestellt. 1923 veröffentlichte MOLLIER das *h*-*x*-Diagramm. Beide Diagramme werden auch heute noch genutzt. Das von MOLLIER entwickelte Zustandsdiagramm der feuchten Luft ist in Bild 3.3 dargestellt. Mit seiner Hilfe können alle Zustandsgrößen aufgefunden, klimatechnische Vorgänge dargestellt und energetisch berechnet werden.

Auf den Achsen des Diagrammes werden die absolute Feuchtigkeit x und die Temperatur ϑ dargestellt. Weiterhin sind die Linien gleicher Enthalpie h und gleicher Sättigung φ eingezeichnet.

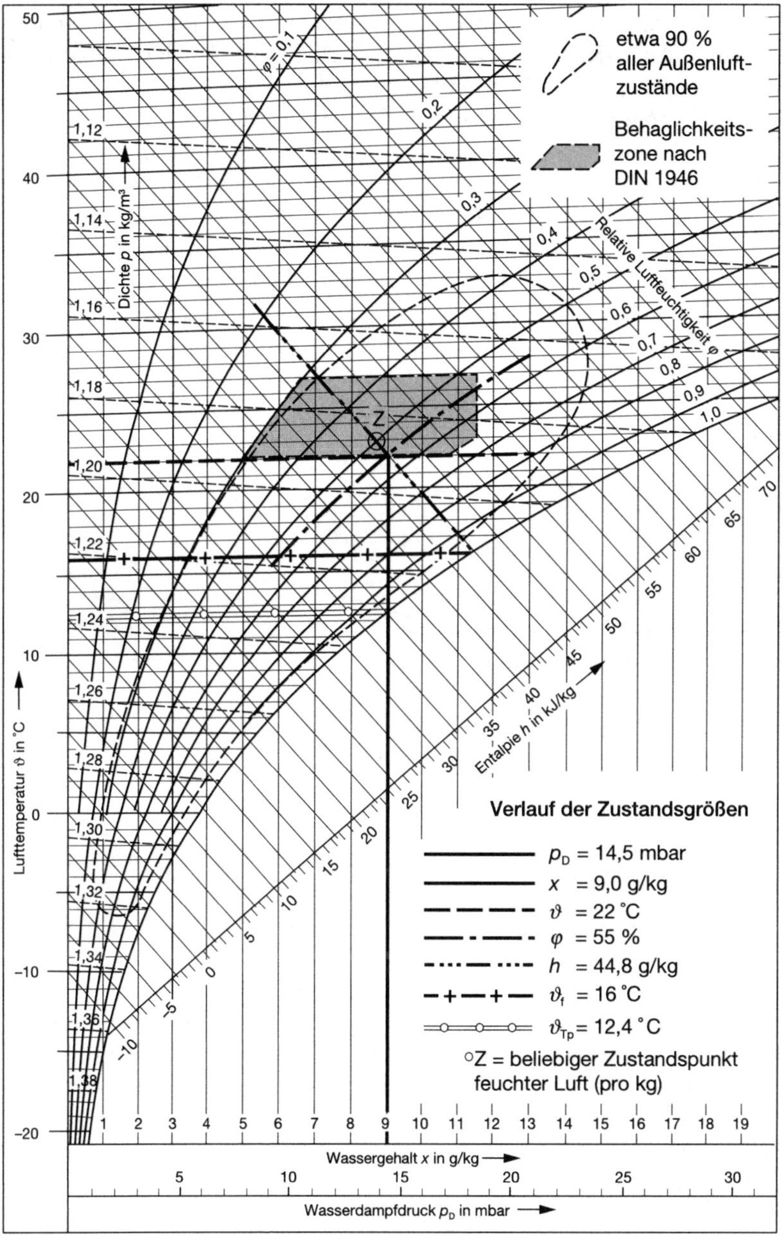

Bild 3.3
h-*x*-Diagramm der feuchten Luft bei Umgebungsdruck von 1013 mbar

Die Zustandsänderungen Kühlen, Heizen, Trocknen und Befeuchten, die mit Kfz-Klimaanlagen durchführbar sind, werden anhand des h-x-Diagrammes im folgenden kurz erläutert.

Bei Temperaturveränderungen der ungesättigten Luft bleibt ihre absolute Feuchte unverändert. Aufgrund der größeren Sättigungsdampfmenge bei höheren Temperaturen ändert sich beim Heizen bzw. Kühlen der feuchten Luft ihre relative Feuchtigkeit, wie aus Bild 3.4 deutlich wird. Die dabei zu- bzw. abzuführende Wärmemenge ist als Enthalpieänderung Δh ablesbar. Durch Vertauschen der Indizes und Umkehren der Pfeilrichtung in Bild 3.4 erhält man die Darstellung der Abkühlung.

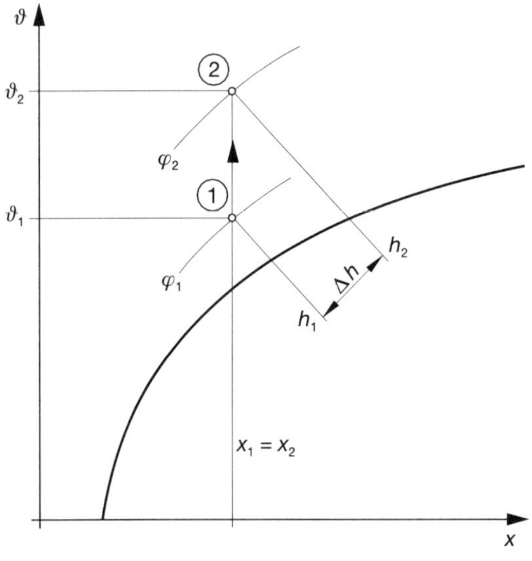

Bild 3.4
Erwärmen ungesättigter Luft

Die Kühleroberflächentemperatur ϑ_K liegt im allgemeinen unter der Taupunkttemperatur ϑ_{Tp} der feuchten Luft, Bild 3.5. Die an die Kühleroberfläche gelangende Luft wird durch Kondensation von einem Teil des enthaltenen Wasserdampfes entfeuchtet. Der Luftaustrittszustand 2 liegt auf der Verbindungsgeraden zwischen dem Zustand der eintretenden Luft 1 und dem Schnittpunkt der Kühleroberflächentemperatur ϑ_K mit der Sättigungslinie. Die vom Kühler abzuführende Wärmemenge ist wieder als Enthalpieänderung ablesbar. Der Feuchtigkeitsentzug $\Delta x_{Kü}$ ist die anfallende Kondensatmenge.

Bild 3.5
Kühlung und Entfeuchtung

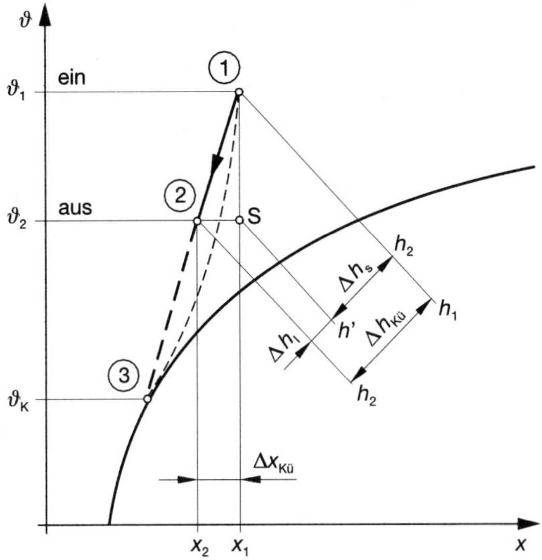

Bild 3.6
Luftbefeuchtung durch Mischen

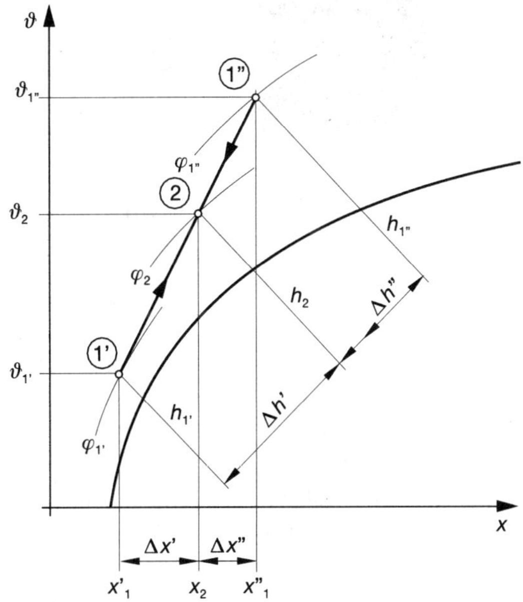

Eine gezielte Luftbefeuchtung wird in Kfz-Klimaanlagen allgemein nicht vorgenommen. Sie tritt jedoch beim Mischen gekühlter Luft mit Frischluft auf, die dadurch auch getrocknet wird. Bild 3.6 zeigt den Verlauf der Mischgeraden zwischen den Eintrittszuständen 1' und 1'', auf der sich der neue Zustandspunkt 2 entsprechend den Luftmengenanteilen einstellt und die Zunahme der absoluten Feuchtigkeit Δx.

4 Kälteerzeugung und Kältemittelkreislauf

In Kfz-Klimaanlagen wird die Luft, die dem Innenraum zugeführt wird, an einem Wärmeaustauscher gekühlt. Dabei wird Wärme von der Luft an das Kältemittel übertragen. Das Kältemittel verdampft im Wärmeaustauscher und entzieht der Luft die dafür erforderliche Wärmemenge. In einem Kreisprozeß wird das Kältemittel aufbereitet, so daß das Kühlen der Luft mit einer begrenzten Kältemittelmenge erfolgen kann.

Dazu wird in einem 2. Wärmeaustauscher dem Kältemittel die aufgenommene Wärme wieder entzogen. Wärmeübertragung zwischen 2 Medien ist nur möglich, wenn zwischen ihnen eine Temperaturdifferenz besteht. Der Kältemitteldampf muß also eine höhere Temperatur aufweisen als die zum Kühlen verwendete Außenluft. Durch Verdichten des Kältemitteldampfes in einem Kompressor werden Temperaturen von 60...100 °C erreicht, so daß die Kühlung mit der Umgebungsluft (Fahrtwind oder Gebläse) auch bei warmer Witterung möglich ist. Dabei wird das Kältemittel verflüssigt.

Anschließend wird das Kältemittel in einem Behälter gesammelt und getrocknet, denn Kältemittel und Kältemaschinenöl, das durch das Kältemittel transportiert wird, sind stark hygroskopisch. Wasser würde zu Korrosionsschäden im Verdichter und in den Leitungen führen.

Durch Druckabsenkung mit einem Expansionsventil wird der Zustand des Kältemittels so verändert, daß im nachfolgenden Wärmeaustauscher (Verdampfer) die Verdampfung durch Wärmeaufnahme aus der zu kühlenden Luft erfolgen kann. Der Vorgang ist im Bild 4.1 schematisch dargestellt.

Die Bauelemente des Kältemittelkreislaufs werden in den folgenden Abschnitten genauer beschrieben.

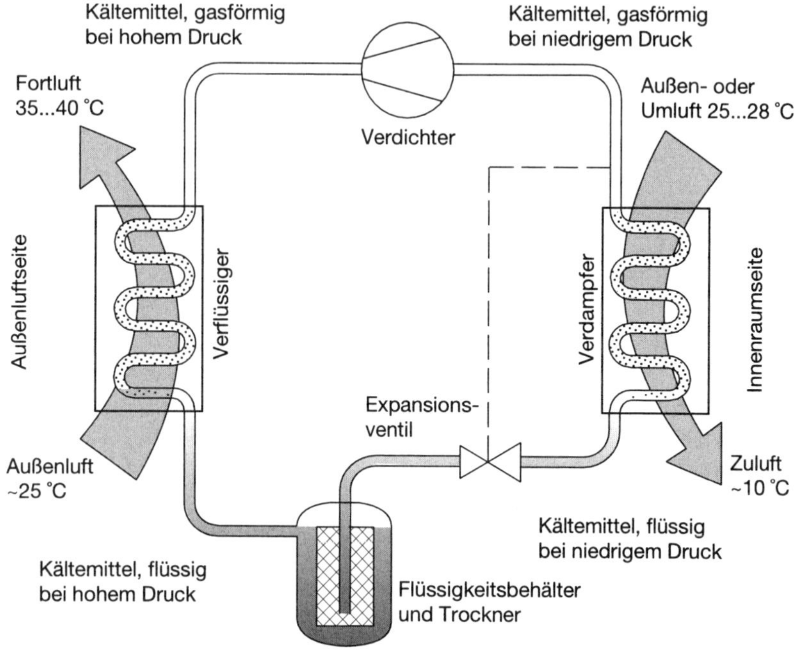

Bild 4.1
Schema des Kältemittelkreislaufs

4.1 Verdichter

Der Verdichter saugt das dampfförmige Kältemittel über die Saugleitung aus dem Verdampfer, komprimiert es und fördert es in den Verflüssiger. Durch die Verdichtung werden Temperatur und Druck des Kältemittels erhöht, so daß die im Verdampfer aufgenommene Wärme im nachfolgenden Kondensator wieder abgegeben werden kann.

Die in der Kältetechnik zur Anwendung kommenden Verdichter arbeiten nach dem Verdrängerprinzip. Die wichtigsten Bauarten sind Hubkolben-, Axialkolben- und Flügelzellenverdichter. Der Antrieb erfolgt über den Keilriementrieb des Motors. Diese Art des Antriebs wird als offene Bauweise bezeichnet, im Gegensatz zu den sonst in der Kleinkältetechnik angewendeten Hermetic-Verdichtern, bei denen Antrieb und Verdichter in einem Gehäuse gekapselt sind. Bei dieser

Bauweise werden ausschließlich Elektromotoren zum Antrieb des Verdichters verwendet.

Hubkolbenkompressoren, wie in Bild 4.2 gezeigt, werden in Pkw-Klimaanlagen nur noch selten verwendet. Zum Einsatz kommen

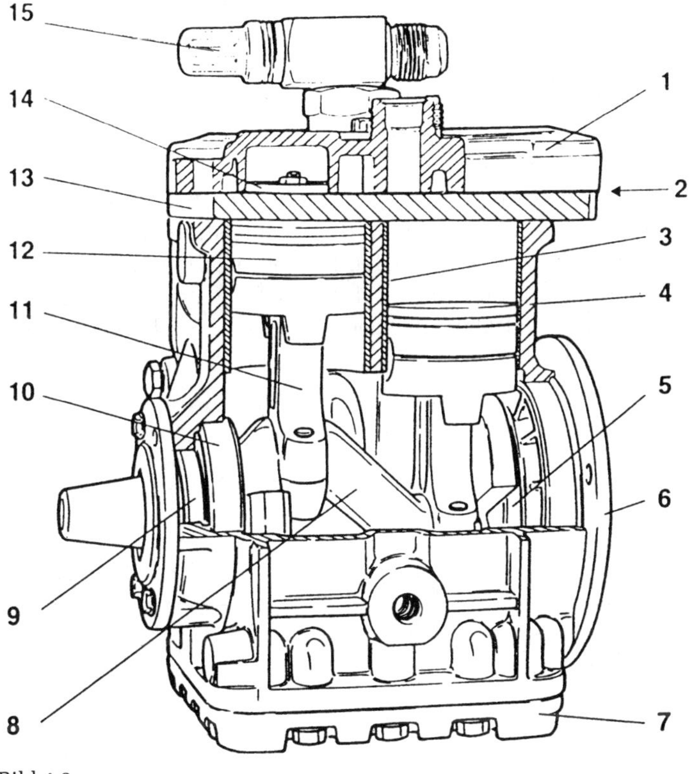

Bild 4.2
Hubkolbenverdichter

1 Zylinderkopf
2 Zylinderkopfdichtung
3 Zylinder
4 Zylinderblock
5 rückwärtiges Lager
6 unterer Deckel mit Halterung des Lagers
7 rückwärtiger Decke
8 Kurbelwelle
9 Dichtring Kurbelwelle
10 vorderes Lager
11 Pleuelstange
12 Kolben
13 Ventilteller
14 kombinierte Saug-Druck-Ventile
15 Serviceventilel

Axialkolben- und Flügelzellenverdichter. Mit Bild 4.3 wird das Prinzip der Taumelscheibe erklärt, im Bild 4.4 eine bildliche Darstellung eines solchen Verdichters angegeben. Doppelt wirkende Taumelscheibenkompressoren sind ebenfalls in Anwendung.

Das technische Prinzip, nach denen Flügelzellenverdichter arbeiten, ist in Bild 4.5 dargestellt, eine Ausführung zeigt Bild 4.6.

Der Förderstrom und damit die Kälteleistung der nach dem Verdrängerprinzip arbeitenden Verdichter ist von der Drehzahl direkt abhängig. Durch das konstante Übersetzungsverhältnis des Keilriementriebs ist sie durch die Motordrehzahl bestimmt. Die wird jedoch vom Fahrer nach den Erfordernissen des Fahrbetriebs und nicht nach der benötigten Kälteleistung gewählt, so daß eine Regelung der Kälteleistung erforderlich ist.

Das Übersetzungsverhältnis des Riementriebs wird konstruktiv so gewählt, daß im Leerlauf des Motors die Kälteleistung ausreicht. Das hat zur Folge, daß bereits bei normalen Betriebsdrehzahlen des Motors im allgemeinen ein Überschuß an Kälteleistung erzeugt wird. Die Anpassung an den Kälteleistungsbedarf erfolgt durch kurzzeitiges

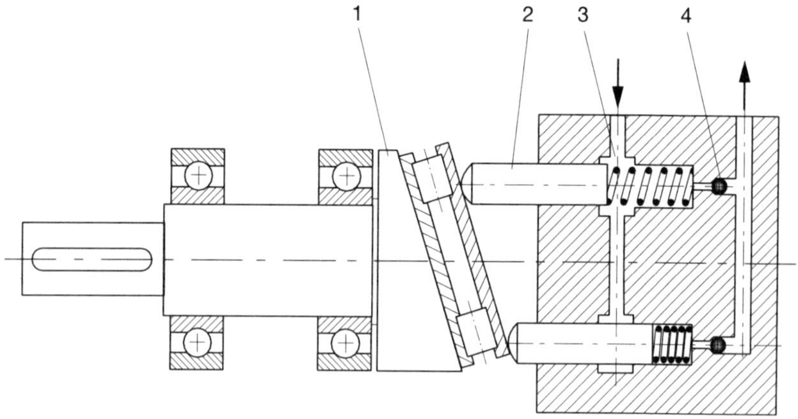

Bild 4.3
Axialkolbenverdichter, Prinzip der Taumelscheibe
1 Taumelscheibe mit Drucklager
2 Axialkolben
3 Saugraum
4 Auslaßventil

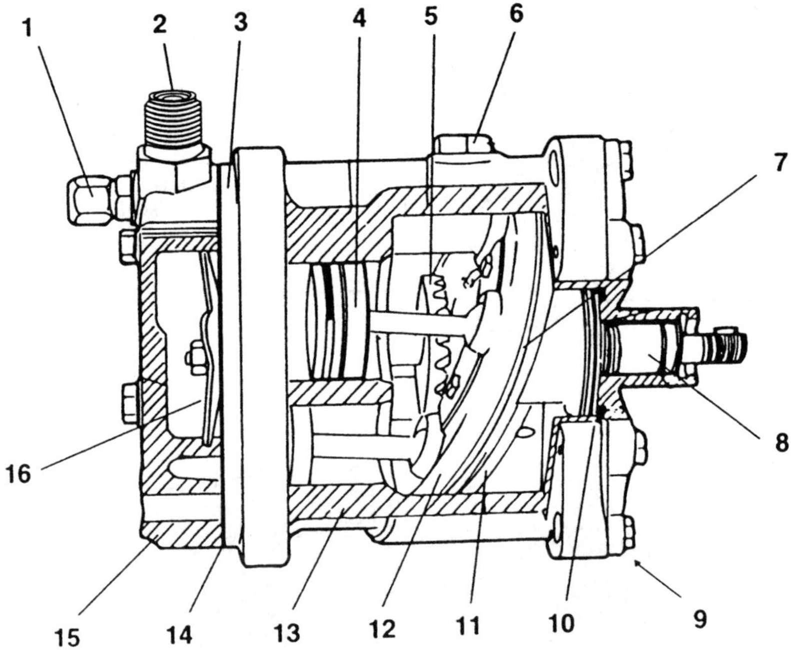

Bild 4.4
Einfachwirkender Taumelscheibenkompressor
1 Serviceventil
2 Schraubanschlüsse
3 Ventilplatte
4 Kolben mit Kolbenring
5 Getriebe
6 Öleinfüllöffnung
7 Rollenlager
8 Welle
9 vorderer Deckel mit Führungsnabe der elektromagnetischen Kupplung
10 O-Ring mit rechteckigem Querschnitt zur Dichtung zwischen Deckel und Gehäuse
11 Taumelscheibe
12 Gleitschuhgehäuse
13 Kompressormantel
14 Zylinderkopfdichtung
15 Zylinderkopf
16 kombiniertes Saug-Druck-Ventil

Abschalten des Kompressors über eine Elektromagnetkupplung, die sich in der Riemenscheibe des Verdichterantriebs befindet (Bild 4.7).

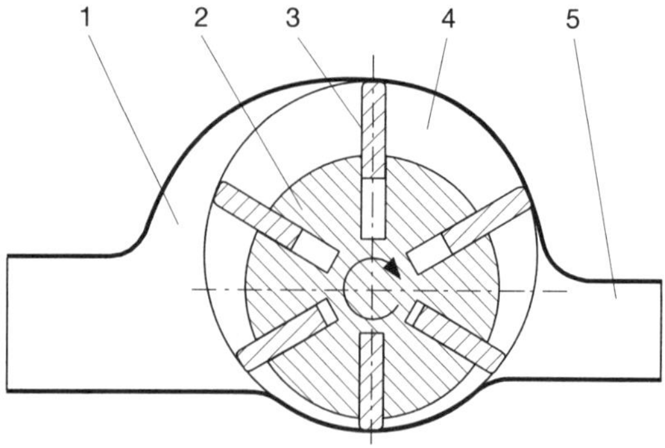

Bild 4.5
Flügelzellenverdichter, Funktionsprinzip
1 Einlaßschlitz
2 Rotor
3 Flügel (Lamelle)
4 Verdichtungsraum (Zelle)
5 Auslaßschlitz

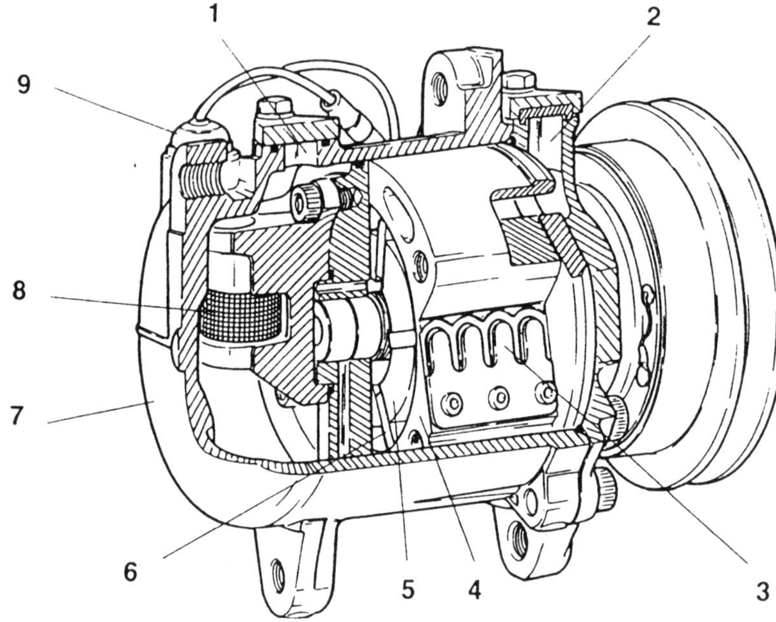

Bild 4.6
Flügelzellenkompressor
1 Druckanschluß
2 Sauganschluß
3 Ventile
4 Zylinder (Mantel)
5 Rotor
6 Flügel
7 Gehäuse
8 Ölabscheider
9 Temperatursensor

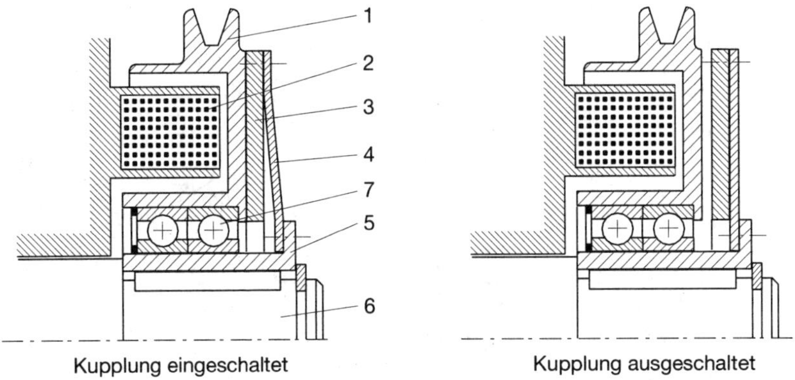

Bild 4.7
Elektromagnetische Kupplung
1 Riemenscheibe
2 Elektromagnet
3 Ankerplatte
4 Federplatte
5 Nabe
6 Antriebswelle
7 Wälzlager

Die Keilriemenscheibe 1 wird ständig vom Motor angetrieben. Sie ist mittels Wälzlager 7 auf einem vorspringenden Zapfen des Kompressorgehäuses 8 gelagert. Bei eingeschaltetem Elektromagnet 2 wird das Drehmoment kraftschlüssig auf die mit einem Reibbelag versehene Ankerplatte 3 und weiter über die Federplatte 4 und die Nabe 5 formschlüssig auf die Kompressorwelle 6 übertragen. Durch Ausschalten des Elektromagneten wird der Kraftschluß unterbrochen. Die Ankerplatte 3 wird durch die Federplatte zurückgezogen.

Die Anpassung des Förderstroms an den Kältemittelbedarf ist durch Zu- und Abschalten des Kompressors nur innerhalb gewisser Toleranzen möglich. Sie werden bei unzureichender Regelung als Temperaturschwankungen der eingeblasenen Luft von den Fahrzeuginsassen wahrgenommen. Besonders bei Fahrzeugen mit relativ kleiner Motorleistung ist der Einschaltstoß, der durch den Kompressor hervorgerufen wird, als Minderung der Antriebsleistung spürbar. In bestimmten Fällen (Überholvorgang, Anfahrbeschleunigung) kann er kritische Situationen verursachen. Das hat zur Entwicklung feinfühli-

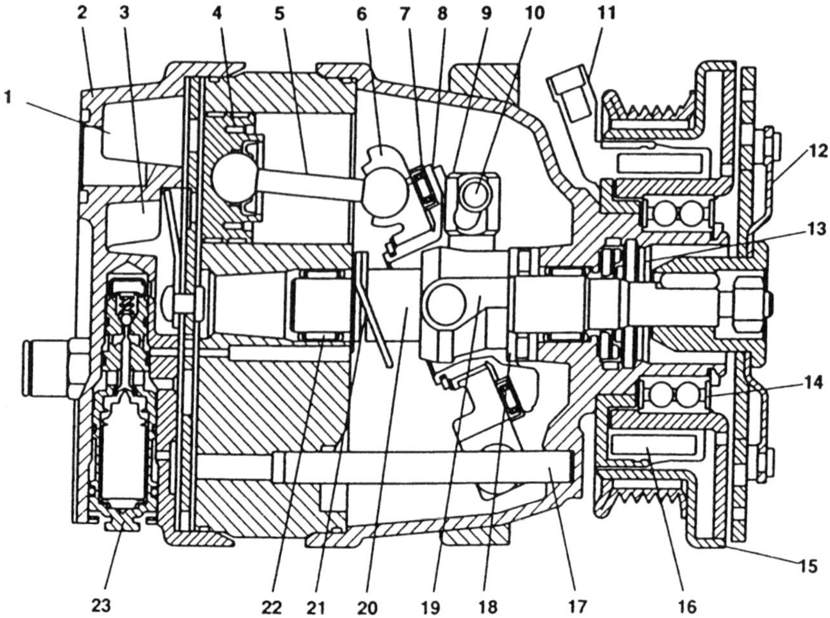

Bild 4.8
Taumelscheibenkompressor mit kontinuierlich verstellbarem Hubraum
1 Ansaugkanal
2 hinterer Kopf
3 Auspuffkrümmer
4 Kolben
5 Pleuelstange
6 schwingende, sich nicht drehende Platte
7 Drucklager
8 schwingende, sich drehende Platte
9 Mitnahmebolzen
10 Bolzen
11 Kupplungsendverschluß
12 Kupplungsschiebeeinheit
13 Dichtungsring
14 Lager der Riemenscheibe
15 Riemenscheibengruppe
16 Spule
17 Führungsbolzen
18 Drucklager
19 Schiebemuffe
20 Welle
21 Feder
22 hinteres Lager
23 Einstellventileinheit

gerer Regelungen geführt, die durch kontinuierliche Veränderung des Förderstroms vom Kompressor erreicht wird.

Als technische Lösung haben sich Taumelscheibenkompressoren mit stufenloser Hubregelung durchgesetzt. Sie wird durch stetiges Verändern des Anstellwinkels der Taumelscheibe erreicht, so daß stufenlos von der Maximal- bis zur Nullförderung geregelt werden kann. Nachteilig ist der recht aufwendige Verstellmechanismus. Die Magnetkupplung wird beibehalten, um den Kompressor im Schadensfall oder im Winterbetrieb abschalten zu können. Bild 4.8 zeigt eine Schnittdarstellung eines Taumelscheibenkompressors mit kontinuierlich verstellbarem Hubvolumen.

Der Verdichter ist in der Anlage die einzige Baugruppe mit ständig bewegten Teilen, so daß für eine Schmierung zu sorgen ist. Dabei tritt das Öl in Kontakt mit dem Kältemittel. Die daraus resultierenden Anforderungen werden in Abschnitt 6.1 behandelt.

Um die Zerstörung des Verdichters durch Flüssigkeitsschläge zu vermeiden, muß durch die Regelung der Kälteanlage gesichert werden, daß das Kältemittel im Verdampfer vollständig verdampft und aus Sicherheitsgründen leicht überhitzt wird.

4.2 Verflüssiger

In Kfz-Klimaanlagen werden vornehmlich luftgekühlte Verflüssiger (Kondensatoren) eingesetzt. Der Verflüssiger hat die Aufgabe, die im Verdampfer vom Kältemittel aufgenommene Wärme, deren Temperatur durch die Verdichtung erhöht wurde, an die Kühlluft abzugeben. Das Temperaturniveau ist konstruktiv so gewählt, daß der Kältemitteldampf dabei kondensiert. Das Kondensat sammelt sich im unteren Bereich des Kondensators an, von wo es in den Vorratsbehälter gedrückt wird.

Für einen effektiven Wärmeaustausch ist eine möglichst große Kondensatoroberfläche und eine Mindestgeschwindigkeit der Kühlluft erforderlich. Die wärmeübertragende Oberfläche wird durch lamellenbesetzte Rund- oder Flachrohre gebildet, die auf engstem Bauraum zu einem Paket angeordnet sind. Übliche Bauformen sind Rohrrippen- und Paralleldurchflußkondensatoren.

Rohrrippenkondensatoren bestehen aus einem Paket von Aluminiumlamellen, durch die eine Schlange aus Kupferrohr gezogen ist (Bild 4.9). Der feste Sitz der wärmeableitenden Lamellen auf dem kältemittelführenden Rohr gewährleistet einen guten Wärmeübergang.

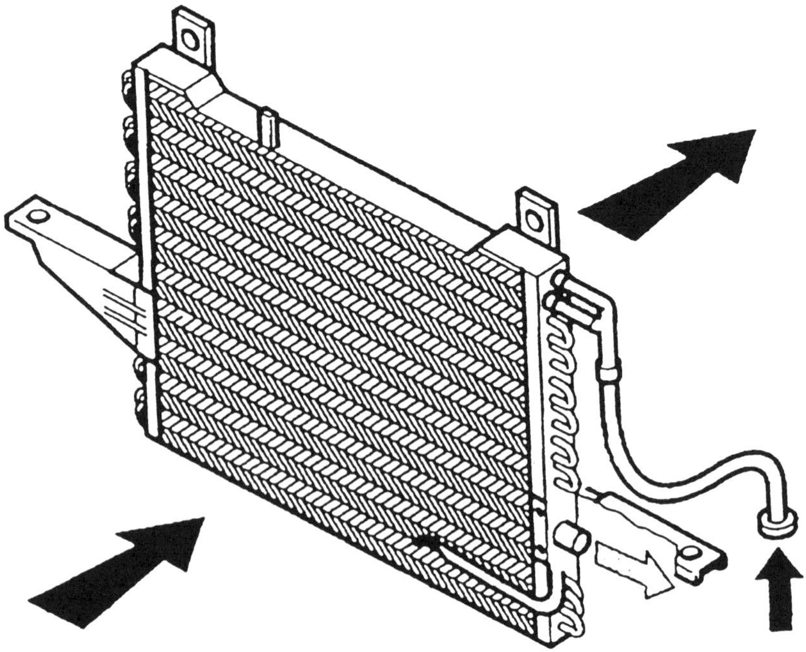

Bild 4.9
Rohrrippenkondensator

Parallelldurchflußkondensatoren sind aus Aluminiumteilen gebaut. Sie bestehen aus parallelen Rohrsträngen, die vom Kältemittel in gleicher Richtung durchströmt werden. Zwischen den Rohrsträngen befinden sich Aluminiumrippen, an denen der Wärmeaustausch mit der Kühlluft erfolgt. Die Stirnseiten des Kondensators werden aus einzelnen oder doppelten Kopfkrümmern gebildet, mit denen der Kältemittelstrom in den nächsten Parallelrohrstrang umgeleitet wird (Bild 4.10). Diese Bauform ermöglicht bei gleichem Bauvolumen einen 30...40% höheren Wärmeaustausch als die herkömmlichen Rohrrippenkondensatoren. Einen wesentlichen Beitrag leisten dazu die Rippen, die als Luftleitklappen gestaltet sind. Durch ständiges Umleiten des Luftstroms wird ein besonders effektiver Oberflächenkontakt erreicht.

Die Strömungsgeschwindigkeit der Luft ist durch den Fahrtwind gegeben und wird anderenfalls durch den Motorlüfter oder einen elek-

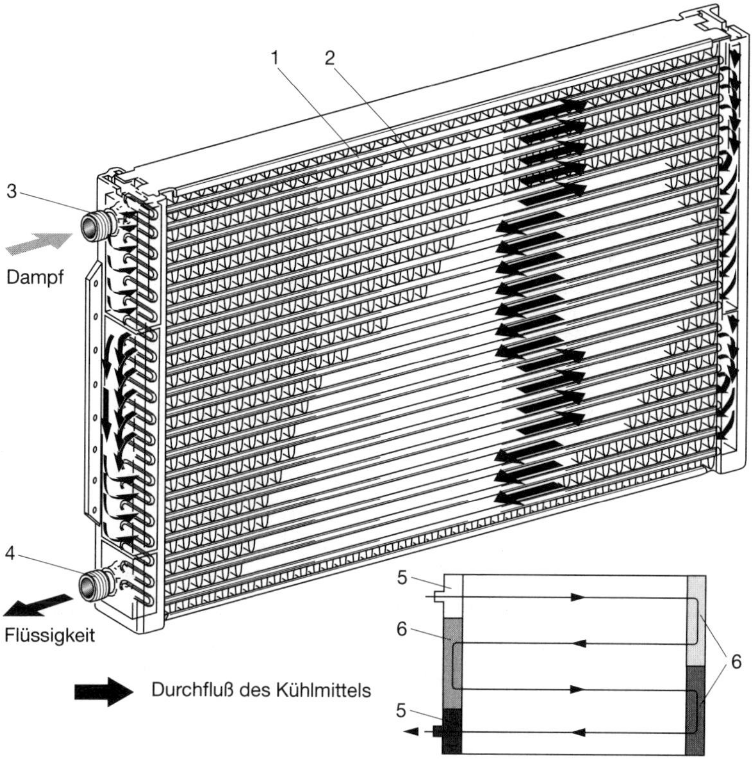

Bild 4.10
Paralleldurchflußkondensator, Gesamtansicht und Durchflußschema
1 Flachrohr
2 Verrippung
3 Anschluß Kompressor
4 Anschluß, Filter/Trockner
5 einzelner Kopfkrümmer
6 doppelter Kopfkrümmer

trisch betriebenen Zusatzlüfter erzeugt. Um eine ausreichende Kühlung zu sichern, wird der Kondensator vor dem Motorkühler angeordnet. Bei Fahrzeugen, die mit einer Klimaanlage nachgerüstet werden, muß unter Umständen ein leistungsstärkeres Elektrogebläse eingebaut werden, um die Kühlung des Kondensators und des Motorkühlers zu sichern.

Verschmutzungen der Lamellen bzw. Zusetzen der Schlitze zwischen ihnen vermindert die Kühlleistung. Sie sollten deshalb ihm Rahmen der Wartung regelmäßig freigeblasen werden.

Die Eintrittstemperatur des Kältemitteldampfes am oben gelegenen Anschluß des Verflüssigers liegt bei 60...100 °C.

4.3 Sammler und Filtertrockner

Vom Kondensator fließt das Kältemittel in den Sammler. Das ist ein Flüssigkeitsbehälter, in dem ein gewisser Kältemittelvorrat gehalten wird, um den schwankenden Kältemittelbedarf des Verdampfers auszugleichen. Druckimpulse, die durch das Öffnen und Schließen des Expansionsventils entstehen, werden infolge des Strömungswiderstandes gedämpft. Im Sammler erfolgt die Reinigung und Trocknung des Kältemittels. Der Aufbau eines Sammlers mit Filter- bzw. Trockeneinsatz ist in Bild 4.11 schematisch dargestellt.

Die heute verwendeten Kältemittel und Kältemaschinenöle sind stark hygroskopisch. Wasser gefriert bei der Entspannung des Kältemittels im Expansionsventil zu Eiskristallen, die den Drosselquerschnitt zusetzen können und dadurch Funktionsstörungen des Verdampfers bewirken. Ähnliche Funktionsstörungen werden durch feste Verunreinigungen wie Späne, Schlamm, Schmutz, Zunder, Schweißspritzer und Schlackereste hervorgerufen. Durch den Filtertrockner erfolgt die Reinigung und Trocknung des Kältemittels. Verwendet wird meist ein Blockeinsatz, der aus verschiedenen Trocknungsmitteln besteht, die mit einem Bindemittel fest zusammengesintert sind. Als Trocknungsmittel kommen Molekularsieb, Silikagel und Aluminiumoxid, in R134a-Kälteanlagen Zeolith, zur Anwendung.

Das Molekularsieb ist eine kristalline Chemikalie. Es hält in kleinsten Poren, die sich zwischen den Kristallen befinden, Wassermoleküle zurück. Die größeren Kältemittelmoleküle können nicht in die Poren eindringen und werden deshalb nicht absorbiert. Bei 50 °C werden von 100 g Molekularsieb 18 g Wasser gebunden.

Silikagel bindet bei niedrigen Temperaturen das Wasser gut. Bei Erwärmung sinkt die Sättigungsmenge, so daß auf diese Weise Silikagel recycelt werden kann, was z.B. in Druckluftanlagen üblich ist. Im Kältemittelkreislauf gibt das gesättigte Silikagel bei Temperaturerhöhung wieder Wasser an das Kältemittel ab. *Dadurch wird die Vereisung des Expansionsventils und damit eine Störung der Anlage hervorgerufen. Durch den rechtzeitigen Wechsel des Blockeinsatzes bzw. des kompletten Filtertrockners kann diese Störung verhindert werden.*

Das Aluminiumoxid bindet Säure, die bei der Reaktion des Kältemittels oder des Öls entstehen kann.

In R134a-Kältekreisläufen wird als Trockenmittel Zeolith eingesetzt, da Silikagel auch das Kältemittel aufsaugt und damit die Fähigkeit zur Wasseraufnahme verringert wird.

Bild 4.11
Sammler mit Filtertrocknereinsatz

Bei jedem Eingriff in den Kältemittelkreislauf ist der Filtertrockner zu wechseln. Die Verschlußkappen des Ersatzteils dürfen erst unmittelbar vor dem Einbau entfernt werden, damit sich das Trockenmittel nicht bereits mit der Feuchtigkeit der Luft sättigt.

4.4 Schauglas

Voraussetzung für die sichere Funktion des Expansionsventils ist ein flüssiger, blasenfreier Kältemittelstrom. *Blasen weisen auf einen Mangel an Kältemittel hin, der durch eine zu geringe Kältemittelmenge in der Anlage oder durch einen zugesetzten Filter bzw. Filtertrockner entstehen kann.* Infolge des zu geringen Druckes wird ein Teil des Kältemittels bereits vor dem Eintreten in den Verdampfer gasförmig. Der gleiche Effekt wird durch Wärmeeinleitung in die Flüssigkeitsleitung hervorgerufen. Gegenüber den wärmeabgebenden Flächen des Motors und der Abgasleitung muß die Flüssigkeitsleitung des Kältemittelkreislaufs gut abgeschirmt sein.

Zur Kontrolle der Kältemittelflüssigkeit wird ein Schauglas verwendet, das zweckmäßigerweise unmittelbar vor dem Expansionsventil angeordnet sein sollte. In Kfz-Klimaanlagen befindet es sich oftmals am Ausgang des Sammlers. Wenn das Kältemittel ohne zu sprudeln das Schauglas passiert, ist der Prozeß in Ordnung. Anderenfalls ist eine Überprüfung der genannten Fehlerursachen vorzunehmen.

Schaugläser sind meist zusätzlich mit einem Feuchteindikator ausgerüstet. Durch den Farbumschlag des Indikatorpapiers, von Grün oder Blau für «trocken» nach Gelb oder Rosa für «feucht», wird der erforderliche Wechsel des Filtertrocknereinsatzes signalisiert.

Bei Anlagen, die mit dem Kältemittel R134a betrieben werden, tritt auch bei korrekter Befüllung Blasenbildung im Kältemittelstrom auf. Da die Beobachtung durch das Schauglas keine exakte Beurteilung der Füllmenge ermöglicht, wird dann meistens auf den Einbau verzichtet.

4.5 Expansionsventil als Drosselorgan

Durch Verdampfen des Kältemittels wird der zu konditionierenden Luft Wärme entzogen. Dazu wird das Kältemittel mit Hilfe eines Drosselorgans auf den Verdampfungsdruck entspannt. In Gebrauch sind thermostatische Expansionsventile und Expansionsrohre. Expansionsrohre sind Festdrosseln. Sie werden in Abschnitt 4.7 beschrieben. Mit beiden Bauformen von Drosselorganen wird außerdem der Kältemittelfluß geregelt. Das ist bei Fahrzeugklimaanlagen im Vergleich zu stationären Anlagen wegen der schnellen Änderung der Betriebsbedingungen von besonderer Bedeutung:

- Die sich mit der Motordrehzahl rasch und häufig ändernde Kälteleistung des Verdichters muß ständig an den Kältebedarf der Luftkühlung angepaßt werden.
- Der Kältebedarf unterliegt infolge der Fahrzeugbewegung mit wechselnden Fahrgeschwindigkeiten und unterschiedlichem Wärmeeinfall großen Schwankungen.
- Aus der Fahrzeugbewegung folgen sehr unterschiedliche Bedingungen für die Kühlung des Kondensators, so daß Druck und Temperatur des Kältemittels vor dem Drosselorgan nicht konstant sind.
- Weitere Einflüsse aus dem Betrieb des Fahrzeugs und seiner Aggregate müssen kompensiert werden, damit die Klimaanlage störungsfrei funktioniert.

Das Expansionsventil arbeitet grundsätzlich als verstellbares Stromventil (Drossel). Der Drosselquerschnitt ist so bemessen, daß die Kältemittelmenge, die zum Kühlen der Luft benötigt wird, das Ventil passieren kann. Andererseits ist gesichert, daß die Kältemittelmenge, die dem Verdampfer zugeführt wird, vollständig verdampft, so daß der Verdichter kein flüssiges Kältemittel ansaugen kann. Um Flüssigkeitsschläge im Verdichter sicher zu vermeiden, wird der Prozeß so geführt, daß sich das Kältemittel in der Ansaugleitung in leicht überhitztem Zustand befindet. Da das Kältemittel vollständig verdampft ist, spricht man von einem trockenen Vedampfungsprozeß. Zur Anpassung an unterschiedliche Kälteleistungen werden die Zustandsgrößen des Kältemittels mit dem Expansionsventil vor und nach dem Verdampfer ausgewertet und danach der Kältemittelstrom geregelt.

Zum Einsatz kommen in Kfz-Klimaanlagen thermostatische Expansionsventile mit äußerem oder innerem Druckausgleich (Bild 4.12). Der Innenraum des Ventils besteht aus der Hochdruck-, der Niederdruck- und der Druckausgleichskammer. Eine Wand, in der sich eine Drosselbohrung befindet, deren Öffnungsquerschnitt mit einer Ventilnadel verstellt werden kann, trennt die Hochdruck- von der Niederdruckkammer. Das Drosselventil wird über einen Druckstift gegen die einstellbare Kraft einer Feder geöffnet. Die Öffnungskraft wird durch eine Druckdose im oberen Bereich des Expansionsventils aufgebracht. Die Druckdose ist ventilseitig durch eine bewegliche Membrane abgeschlossen und mit einem Sensor verbunden, der die Temperatur am Saugstutzen des Verdichters bzw. am Verdampferausgang fühlt. Sensor, Verbindungsleitung und Druckdose sind mit einem Medium gefüllt, das sich bei Temperaturanstieg ausdehnt.

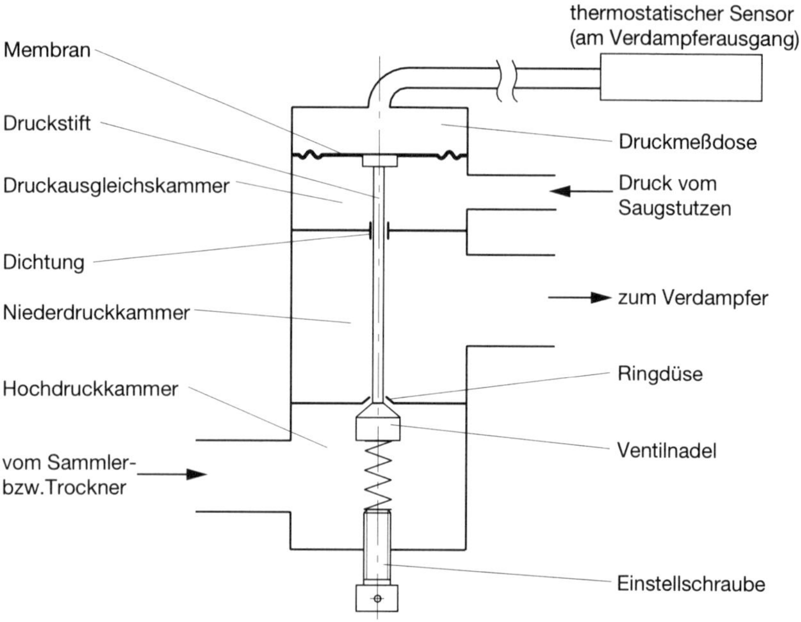

Bild 4.12
Thermostatisches Expansionsventil mit äußerem Druckausgleich, thermostatischer Sensor (am Verdampferausgang)

Die Druckausgleichskammer des Expansionsventils ist mit der Saugleitung verbunden, so daß der Ansaugdruck auf die Membranunterseite wirkt und eine Gegenkraft zur Temperaturauswertung bewirkt. Bei den üblichen blockförmigen Expansionsventilen, Bild 4.13, wird der vom Verdampfer kommende und zum Verdichter führende, gasförmige Kältemittelstrom durch die Druckausgleichskammer hindurchgeleitet.

Im Anfahrzustand der Anlage ist die Temperatur am Verdampferausgang relativ hoch. Gleichzeitig erzeugt der Verdichter einen starken Unterdruck in der Saugleitung. Beide Effekte bewirken gemeinsam, daß das Expansionsventil weit öffnet und somit in kürzester Zeit die maximale Kälteleistung erreicht wird, was besonders bei Kfz-Klimaanlagen erwartet wird, wenn das Fahrzeug längere Zeit in der Sommersonne geparkt wurde.

Bild 4.13
Blockförmiges Expansionsventil
1 Membrankapsel
2 Membran
3 thermostatischer Sensor
4 Anschluß Verdampferausgang
5 Ventilkörper
6 Rohrbefestigungsflansch
7 Anschluß Verdampfereingang
8 Einstelleinheit
9 Drosselung
10 Anschluß Filtertrockner
11 Rohrbefestigungsflansch
12 Anschluß Saugleitung

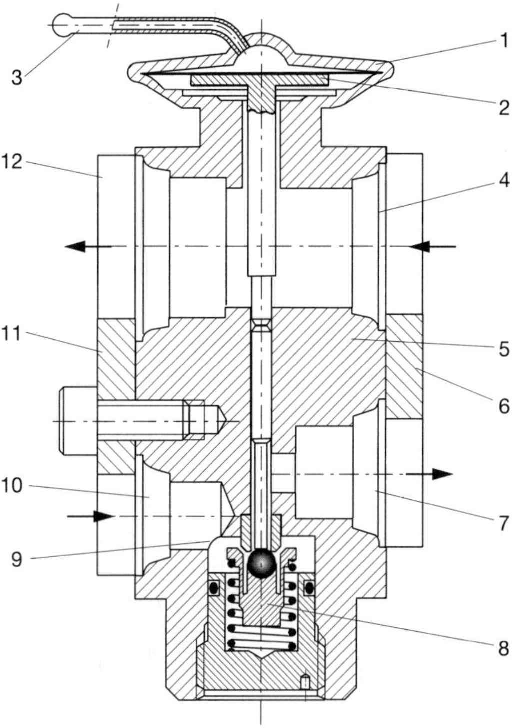

Im stationären Betriebszustand des Kältemittelkreislaufs liegt die Temperatur am Verdampferausgang unter der Anfahrtemperatur, so daß der Drosselquerschnitt des Expansionsventils infolge der geringeren Ausdehnung des Mediums in der Druckdose (Thermostat) über die Membrane und den Druckstift verkleinert wird. Das Zeitverhalten des Regelkreises wird durch die Eigenschaften des Füllmediums bestimmt.

Die Füllung des Temperaturfühlers besteht aus Flüssiggas oder einem Adsorbtionsmittel, das bei Temperaturerhöhung Gas abgibt. Die damit verbundene Druckerhöhung führt durch Verstellen der Ventilnadel zur Vergrößerung des Drosselquerschnitts. Als Füllgas wird allgemein ein Kältemittel verwendet, das bei normaler Verdampfertemperatur flüssig ist und bei Temperaturerhöhungen sofort verdampft, so daß das Expansionsventil weiter öffnet.

Beim Einbau muß auf den richtigen Sitz des Fühlers geachtet werden. Die Kapillarleitung ist isoliert zu verlegen, so daß ausschließlich die Verdampfertemperatur ausgewertet wird.

Bei einer Beschädigung der Druckdose oder der Leitung ist das Bauelement zu erneuern.

Nach dem Ausschalten des Verdichters steigt der Druck im Saugstutzen des Verdampfers und damit in der Druckausgleichskammer des Expansionsventils an. Infolge dessen schließt das Ventil, so daß der Druck im Hochdruckteil der Anlage erhalten bleibt.

Üblicherweise wird das thermostatische Expansionsventil unmittelbar an den Verdampfer angebaut, um die Kälteleistung nicht durch Wärmeaufnahme entlang einer längeren Zuleitung zu verringern. Herstellerseitig ist das Ventil mit der Stellschraube so eingestellt, daß das Kältemittel beim Austritt aus dem Verdampfer vollständig verdampft und geringfügig überhitzt ist. So wird eine Gefährdung des Verdichters durch Flüssigkeitsschläge vermieden. Ist das Kältemittel zu stark überhitzt, infolge zu stark gedrosselter Voreinstellung, wird die Kälteleistung des Verdampfers reduziert und die Verdichtungsendtemperatur erhöht. Auch dadurch können Schäden am Verdichter entstehen.

Bei Expansionsventilen mit innerem Druckausgleich ist die Druckausgleichskammer durch eine Bohrung im Ventilkörper direkt mit der Niederdruckkammer (Unterseite der Membrane) verbunden. Sie werden eingesetzt, wenn der Druckabfall zwischen Verdampferein- und Verdampferausgang infolge des kleinen Durchflußwiderstandes gering ($<0{,}2$ bar) ist. Sie werden allgemein in Pkw-Klimaanlagen verwendet.

Der thermostatische Sensor wird auf einem waagerechten Rohrabschnitt des Verdampferausganges, so nahe wie möglich, am Lamelenpaket befestigt (Bild 4.14). Auf guten Kontakt und saubere Kontaktflächen ist zu achten. Um Verfälschungen vom Meßergebnis durch die Temperatur der umgebenden Luftströmung zu vermeiden, werden Rohr und Sensor mit Isolierband umwickelt.

An Rohreinsenkungen sollte der Sensor nicht angebracht werden, da sich darin Kompressoröl ansammeln kann, das dann den Wärmeübergang behindert, und damit Fehlsteuerungen des Expansionsventils bewirken kann. Weiterhin wird empfohlen, den Sensor in einem Winkel von ungefähr 30° unterhalb der Waagerechten zu befestigen, da sich in diesem Bereich an der Rohrwand eine mittlere Temperatur einstellt.

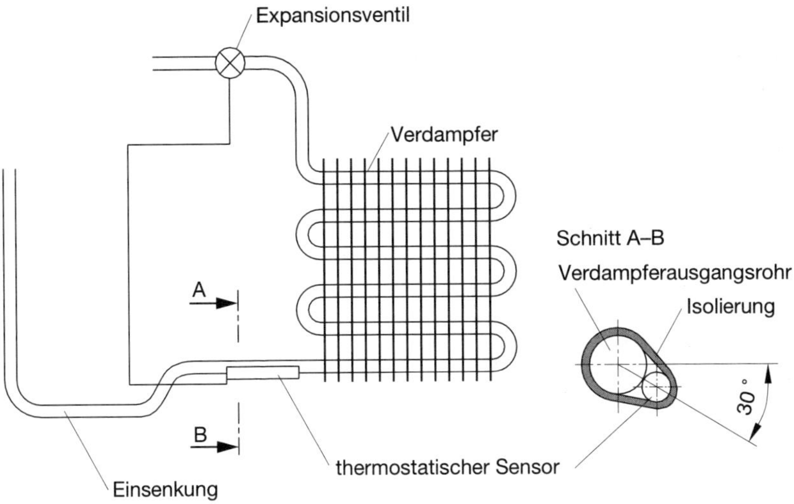

Bild 4.14
Anordnung des thermostatischen Sensors

Bei der Verwendung blockförmiger Expansionsventile mit innerem Druckausgleich (s. Bild 4.13) wird mitunter auf das Anbringen eines thermostatischen Sensors am Verdampfer verzichtet. Kann die Verbindung zwischen Verdampferausgang und Druckausgleichskammer sehr kurz gehalten werden, nimmt der obere Teil des Ventilblockes die Temperatur des Saugstroms an, so daß sie über die Druckumsetzung in der Membrankapsel unmittelbar ausgewertet werden kann.

4.6 Verdampfer

Der Verdampfer ist der 2. Wärmeaustauscher im Kältemittelkreislauf, er dient zur Luftkühlung. Eingesetzt werden ausschließlich Lamellenverdampfer (Bild 4.15). Die Bauarten gleichen denen der Kondensatoren. Das Kältemittel wird über einen Verteiler in die Rohrreihen, die mit Aluminiumlamellen bzw. Rippen besetzt sind, eingespritzt. Dabei benetzt die Flüssigkeit die Rohrinnenwandungen, so daß im Hohlraum der Rohre der Kältemitteldampf strömen kann. Für die Funktion der Anlage ist die Temperatur des Kältemittels am Verdampferaustritt von

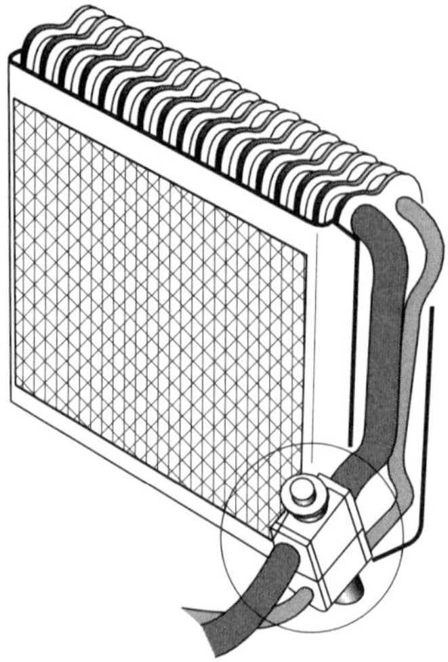

Bild 4.15
Lamellenverdampfer mit Expansionsventil (eingekreist)

Bedeutung. Ist diese zu hoch, muß durch das Expansionsventil mehr Kältemittel eingespritzt werden. Sinkt sie unter einen bestimmten Wert ab, muß die Einspritzmenge reduziert werden, um zu verhindern, daß flüssiges Kältemittel in den Kompressor gelangt.

Als Werkstoffe kommen wegen der guten Wärmeleitung Kupfer und wegen des zusätzlich geringen Gewichtes zunehmend Aluminium zum Einsatz.

Bei den heute als Verdampfer eingesetzten Wärmeaustauschern sind der innere und der äußere Wärmeübergang optimiert. Sie zeichnen sich aus durch ein kleines Bauvolumen bei geringer Bautiefe in Richtung des Luftstroms und geringe luftseitige Druckverluste. Für die gleichmäßige Beaufschlagung der gesamten Oberfläche mit Luft sorgen entsprechend ausgestellte Lamellen. Durch eine geschickte Anordnung und Schaltung der kältemittelführenden Rohre wird erreicht, daß die wärmsten Rohre am Lufteintritt und die kältesten am Luftaustritt liegen, so daß die Wärmeübertragung an allen Stellen des Wärmeaustauschers durch eine optimal eingestellte Temperaturdifferenz gesichert ist (Bild 4.16).

Die Luft gibt beim Durchströmen des Verdampfers einen Teil der in ihr enthaltenen Wärmemenge an das Kältemittel ab und wird dann dem Fahrgastraum zugeführt. Der Luftstrom wird durch ein elektrisch angetriebenes Gebläse erzeugt, das vor dem Verdampfer angeordnet

Bild 4.16
Schematische Darstellung der Rohrschaltung zur Erzielung einer optimalen Temperaturdifferenz zwischen dem Kältemittel und der zu kühlenden Luft

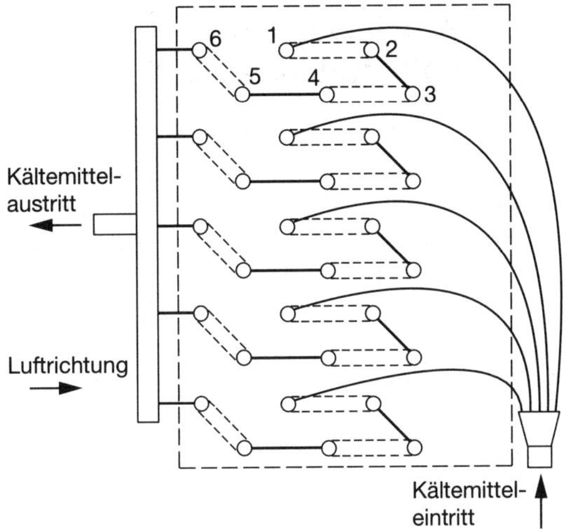

ist. Um die Verluste so gering wie möglich zu halten, wird sie in einem Kanalsystem geführt. Bei Fahrzeugen, die bereits durch den Hersteller mit einer Klimaanlage ausgerüstet wurden, ist der Verdampfer in die Lüftungsanlage integriert. Einige Fahrzeugtypen sind zur Nachrüstung mit einer Klimaanlage vorbereitet. Bei ihnen ist für den nachträglichen Einbau eines Verdampfers im Lüftungsgehäuse Platz vorgesehen.

Mit der Kühlung der Luft ist bei Unterschreitung der Taupunkttemperatur eine Entfeuchtung verbunden, wie in Abschnitt 3.3 beschrieben wurde. Das Schwitzwasser wird durch eine Wanne im Lüftungsgehäuse unterhalb des Verdampfers aufgefangen und mit einer Schlauchleitung ins Freie abgeleitet.

An den stellenweise ständig feuchten Oberflächen des Verdampfers setzen sich leicht Verunreinigungen fest, die mit der zu kühlenden Frisch- oder Umluft herangetragen werden. Über längere Zeiträume können sich Pilz- oder Bakterienkulturen bilden, in denen sich Krankheitskeime entwickeln. Auch ein im Luftstrom vorgeschaltetes Mikrofilter kann das nicht vollständig verhindern. Die Wartung der Anlage sollte deshalb Reinigung und Ausblasen der Verdampferlamellen einschließen.

4.7 Bauelemente für die Drosselregelung des Kältemittelkreislaufs

Zur Entspannung des flüssigen Kältemittels kann statt eines Expansionsventils ein fest eingestelltes Drosselventil verwendet werden. In kleinen Kälteanlagen, wie Haushaltskühlschränken, verwendet man als Trennstelle zwischen Hoch- und Niederdruckteil ein Kapillarrohr bestimmter Länge. In jedem Fall erfolgt eine Druckabsenkung auf den Verdampferdruck und die Einstellung der Drosselstelle auf die Verdampferleistung, so daß am Verdampferaustritt bzw. Saugstutzen stets geringfügig überhitzter Kältemitteldampf vorhanden ist.

In Anlagen, in denen die Entspannung des Kältemittels mit einer Festdrossel erfolgt, wird aus Gründen einer besseren Selbstregelung der Sammler hinter dem Verdampfer eingebaut (Bild 4.17); er übernimmt gleichzeitig die Kältemitteltrocknung. Seine eigentliche Aufgabe ist es jedoch, noch flüssiges Kältemittel zurückzuhalten, um den Kompressor vor Flüssigkeitsschlägen zu schützen.

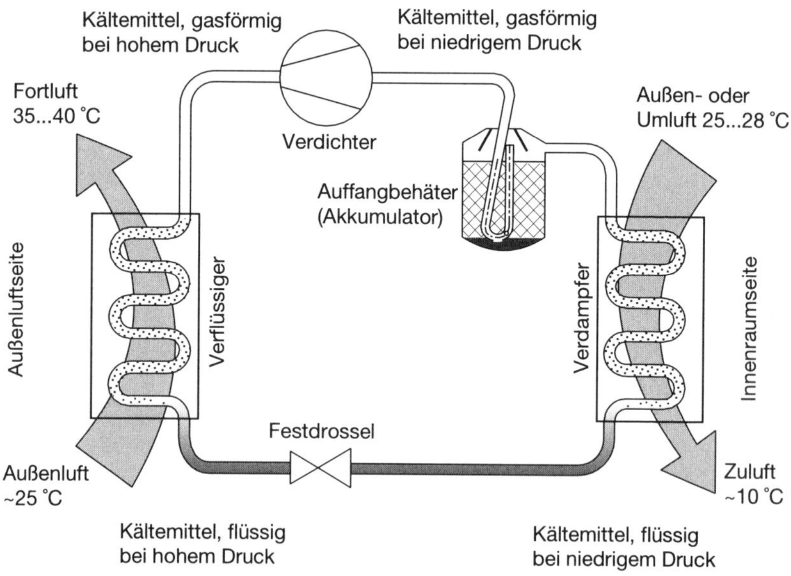

Bild 4.17
Kältemittelkreislauf mit Festdrossel

In Kälteanlagen mit Drosselregelung ist auf der Hochdruckseite nur eine relativ kleine Menge an flüssigem Kältemittel vorhanden. Beim Ausschalten des Verdichters tritt ein Druckausgleich über die Festdrossel ein. Dabei verdampft die im Hochdruckteil des Kreislaufs vorhandene Flüssigkeitsmenge. Dieser Vorgang macht sich als Zischgeräusch bemerkbar, was vom Laien oftmals als Fehler in der Anlage gedeutet wird. Die Ursache ist jedoch verfahrensbedingt. Von Vorteil ist dabei, daß der Verdichter beim Wiedereinschalten fast ohne Gegendruck anlaufen kann. Der Leistungsabfall im Antriebsstrang des Fahrzeugs, der infolge des Einschaltstoßes des Verdichters entsteht, ist demzufolge etwas geringer.

Die Drossel (Bild 4.18) besteht aus einem Bauteil mit einer entsprechend kleinen Bohrung von 1,6...1,8 mm sowie beidseitig angeordneten Sieben. Das hochdruckseitige Sieb dient zur Grobreinigung des Kältemittels. Es soll das Zusetzen der Drosselbohrung durch im Kältemittelstrom mitgeführte Verunreinigungen verhindern. Das niederdruckseitig angeordnete Sieb dient zum Zerstäuben des Kältemittels vor dem Eintritt in den Verdampfer.

Die durch die Drossel strömende Kältemittelmenge ist abhängig von der Druckdifferenz und der Unterkühlung des Kältemittels. Je größer der Druckunterschied zwischen der Hoch- und Niederdruck-

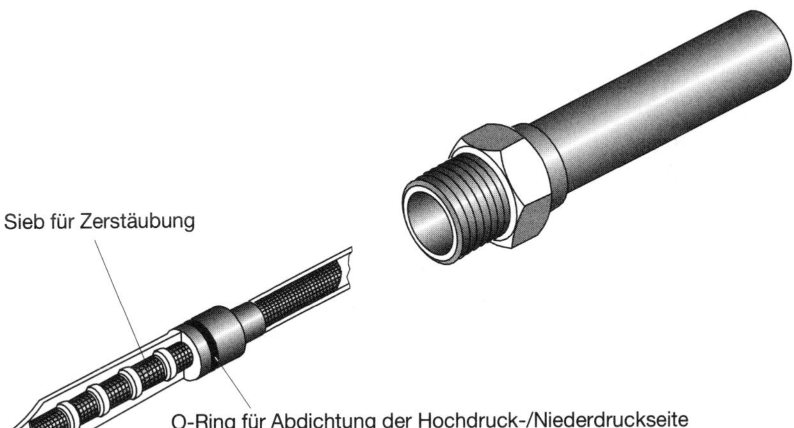

Bild 4.18
Drossel

seite ist und je tiefer die Temperatur des Kältemittels am Kondensatoraustritt unter der Verdampfungstemperatur liegt, um so mehr Kältemittel kann die Drossel durchströmen.

Im Expansionsrohr (orifice tube) fällt der Druck in Strömungsrichtung ab. Wird der Sättigungsdruck erreicht, bilden sich in der Flüssigkeit Dampfblasen. Das Flüssigkeits-Dampf-Gemisch erzeugt einen größeren Strömungswiderstand als die reine Flüssigkeit. Der Strömungswiderstand des Expansionsrohres ist somit von der Lage des Siedepunktes (Bläschenpunktes) abhängig. Es stellt sich ein Kräftegleichgewicht ein, das eine bestimmte Strömungsgeschwindigkeit zur Folge hat und dem eine bestimmte Durchflußmenge an Kältemittel entspricht. Tiefere Unterkühlung des Kältemittels und größere Druckdifferenz zwischen Eingang und Ausgang des Expansionsrohres verschieben den Bläschenpunkt in Strömungsrichtung, so daß dem Verdampfer eine größere Kältemittelmenge zugeführt wird. Steigt der Druck im Verdampfer infolge eines geringeren Kühlbedarfs, so daß die Druckdifferenz am Expansionsrohr kleiner wird, verschiebt sich der Bläschenpunkt im Expansionsrohr entgegen der Strömungsrichtung. Die Folge ist ein größerer Strömungswiderstand und damit verbunden eine Verringerung der Durchflußmenge des Kältemittels. Im Expansionsrohr findet somit ein selbständiger Regelvorgang statt, zu dem im Vergleich mit dem thermostatischen Expansionsventil keine beweglichen Bauelemente erforderlich sind.

Am Verdampferausgang ist ein Auffangbehälter angeordnet, in dem noch flüssiges Kältemittel abgeschieden, gesammelt und mittels Filtertrockner-Blockeinsatz gereinigt und getrocknet wird. Gleichzeitig wird mit ihm das mitgeführte Kältemaschinenöl abgeschieden und in definierter Menge wieder zugeführt (Bild 4.19). Dazu dient eine Ansaugbohrung im U-förmigen Saugrohr des Sammlers.

Das Fehlen beweglicher Teile in der Kältemittelregelung wirkt sich vorteilhaft auf die Betriebssicherheit aus. Die Drossel ist zudem wartungsfrei. Nachteilig ist das schon erwähnte Zischgeräusch beim Ausschalten des Verdichters. Der Auffangbehälter benötigt wegen seiner Größe einen größeren Einbauraum und eventuell eine aufwendigere Leitungsführung.

Bild 4.19
Auffangbehälter

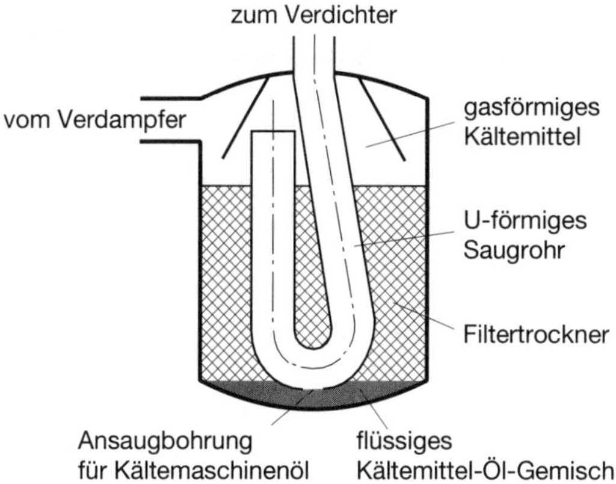

4.8 Druck- und Temperaturüberwachung des Kältemittelkreislaufs

Um zu jeder Zeit den sicheren Betrieb der Klimaanlage zu gewährleisten, wird der Kältemittelkreislauf hoch- und niederdruckseitig überwacht. Dazu können grundsätzlich die Zustandsgrößen Druck und Temperatur gemessen werden. Bei Verwendung eines Verdichters mit Druckschmierung wird zusätzlich der Öldruck bzw. die Differenz zwischen Öl- und Saugdruck überwacht. In der Kältetechnik werden die Druckschalter als Pressostaten bezeichnet. Bei Über- bzw. Unterschreiten des jeweiligen Grenzwertes wird allgemein der Kompressor abgeschaltet. Das erfolgt gegebenenfalls durch Ausschalten der elektromagnetischen Kupplung.

Der Hochdruck-Sicherheitsschalter spricht beim Überschreiten eines Druckes von etwa 27 bar im Hochdruckteil an. Druckerhöhungen treten ein bei schlechter Wärmeabfuhr am Kondensator infolge

- starker Verschmutzung der Lamellen,
- Ausfall des Zusatzgebläses,
- zu hoher Umgebungstemperatur (erhöhte Wärmeabstrahlung des Motors bei extremer Belastung, sehr hohe Außentemperaturen),
- zu viel Kältemittel im System.

Gleichzeitig überwacht der Hochdruck-Sicherheitsschalter das Einhalten eines Minimaldruckes auf der Hochdruckseite. Er schaltet die

Stromversorgung der Elektromagnetkupplung des Kompressors ab, wenn der Mindestdruck von 2,5 bar unterschritten wird. Diese starke Druckabsenkung im Hochdruckteil tritt infolge Kältemittelmangel auf und deutet auf Kältemittelverluste hin. In dem Falle ist der Transport einer ausreichenden Menge von Kältemaschinenöl nicht mehr gesichert, so daß die Schmiermittelversorgung des Kompressors nicht gewährleistet ist. Die Folge sind erhöhter Verschleiß und Ausfall des Kompressors.

Durch bessere Kühlung des Kondensators kann der Druck im Hochdruckteil abgesenkt werden. Dazu wird das Zusatzgebläse stufenweise oder zeitweise zugeschaltet. Die Steuerung erfolgt mit dem Zusatzgebläseschalter, der den Druck im Kondensator mißt. Der Einschaltdruck beträgt etwa 16 bar, der Ausschaltdruck etwa 12 bar. Wenn durch Zuschalten des Gebläses keine Druckabsenkung erreicht wird, wird der Hochdruck-Sicherheitsschalter aktiv.

Als weitere Sicherheitsvorrichtung ist im Hochdruckteil des Verdichters ein Überdruckventil vorgeschrieben. Es spricht an, wenn der Hochdruck-Sicherheitsschalter versagt. Das Kältemittel wird in dem Fall ins Freie abgeblasen.

Der Niederdruck-Sicherheitsschalter verhindert das Unterschreiten des Mindestansaugdruckes. Unzulässig niedrige Ansaugdrücke führen zu druckseitigen Temperaturerhöhungen und damit zur Gefährdung der Dichtungen und Leitungen aus Kunststoffen. Ursache für fallenden Ansaugdruck ist Kältemittelmangel infolge

- ❑ eines defekten oder falsch eingestellten Expansionsventils,
- ❑ Vereisung oder Verstopfung des Expansionsventils,
- ❑ Kältemittelverlust durch Leckagen,
- ❑ sehr tiefe Außentemperaturen (das Kältemittel zieht sich zusammen).

Die beschriebenen Sicherungen sind bei allen Anlagen vorhanden. Die einzelnen Funktionen sind mitunter in einem Bauelement integriert. Spezielle Anwendung findet der 3-fach-Schalter, sog. Trinary. In ihm sind die Überwachungsfunktionen Maximaldruck, Minimaldruck und Schalten des Kondensatorgebläses zusammengefaßt. Zusätzlich kann ein Druckgas-Überhitzungsschutz vorhanden sein. Druckseitige Überhitzung tritt, wie bereits beschrieben, bei saugseitigem Kältemittelmangel ein.

Hinweis: *Da der Kondensator im Kfz immer vor dem Motorkühler angeordnet ist, wird er meist durch einen gemeinsamen Kühlluftstrom beaufschlagt. Der Kühllmittel-Temperaturschalter schaltet deshalb sowohl das Kühlergebläse als auch das Klimaanlagen-Zusatzgebläse beim Erreichen der Motorbetriebstemperatur ein.*

Ergänzt wird die Steuerung des Kältemittelkreislaufs durch die Temperaturüberwachung des Verdampfers. Dazu dient ein elektromechanischer oder elektronischer Thermostat, dessen Sensor die Verdampfertemperatur mißt und der durch Ein- bzw. Ausschalten der elektromagnetischen Kupplung versucht, diese Temperatur auf einem voreingestellten Wert zu halten. Der Thermostat wird werkseitig so eingestellt, daß die Verdampfertemperatur im Bereich zwischen 2...16 °C liegt. Sie muß stets größer als 0 °C sein, um das Gefrieren des Kondenswassers auf der Verdampferoberfläche zu vermeiden. Das würde den Wärmeübergang an der Verdampferoberfläche verschlechtern und die Kühlleistung des Verdampfers verringern. Gleichzeitig vergrößerte sich der Luftwiderstand, im Extremfall bis zum vollständigen Zusetzen der Lammellenzwischenräume.

4.9 Zubehör

Die funktionellen Elemente des Kältemittelkreislaufs sind miteinander durch Leitungen verbunden, die zum Ausgleich der unvermeidlichen Schwingungen (die durch den Fahrbetrieb entstehen) größtenteils aus Schläuchen bestehen.

Verursacht durch den Kältemittelstrom können aber auch Schwingungen in der Anlage selbst entstehen, die als Geräusche vernehmbar sind. In diesem Fall werden an bestimmten Stellen Dämpfer in die Kältemittelleitung eingebaut.

Um den Betrieb der Anlage zu ermöglichen und zu erhalten, sind Wartungsanschlüsse erforderlich. Dazu werden Nadelventile vorgesehen, die an den erforderlichen Stellen eingebaut werden müssen.

4.9.1 Schläuche und Anschlüsse

Durch Verwendung von flexiblen Schläuchen als Kältemittelleitungen können Bewegungen zwischen den Baugruppen der Anlage leicht ausgeglichen werden. Weiterhin wird die Installation der Anlage erleichtert. An die Schläuche werden besondere Anforderungen hinsichtlich

Diffusionsfestigkeit, chemischer und thermischer Beständigkeit gegen das Kältemittel und das Kompressoröl sowie durch die Druckbeanspruchung gestellt. Daraus folgt der in Bild 4.20 dargestellte Schichtaufbau der Schläuche für das Kältemittel R134a.

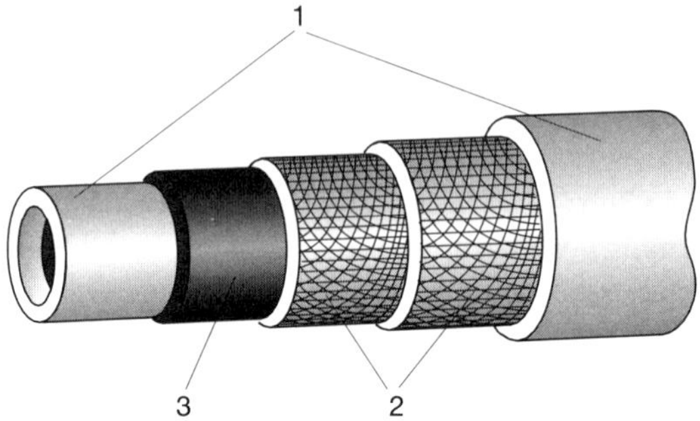

Bild 4.20
Aufbau der Schläuche für R134a
1 Elastomer
2 doppelte Verstärkung aus Textilgewebe
3 Nylonumkleidung

Zur Verbindung der flexiblen Schläuche mit den Aggregaten dienen Anschlüsse, auf denen der Schlauch rutschsicher festgeklemmt ist. Die Befestigung am Aggregat kann durch Verschrauben mittels Überwurfmutter oder durch einen Flanschanschluß erfolgen. Bild 4.21 zeigt einen Schlauchanschluß mit Überwurfmutter.

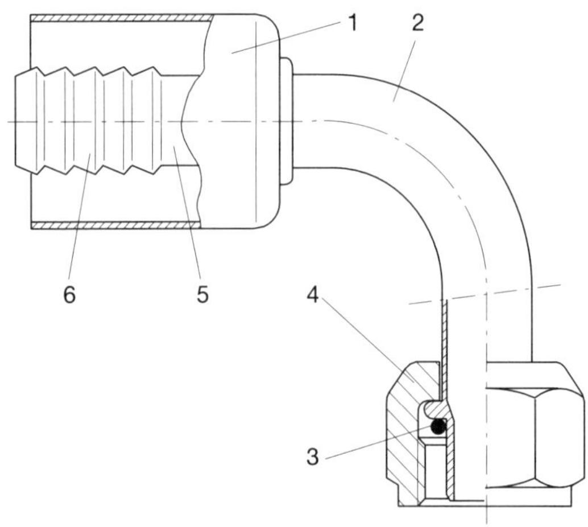

Bild 4.21
Schlauchanschluß mit Überwurfmutter
1 Anschlußteil
2 Anschlußrohr
3 O-Ring
4 Überwurfmutter
5 Steuerrohr
6 gleitlose Rillen

4.9.2 Serviceventile

Serviceventile sind erforderlich, um den Kreislauf mit Kältemittel zu befüllen, ihn erforderlichenfalls zu entleeren und an Manometer anzuschließen, mit denen der Betrieb der Anlage überprüft werden kann. Üblicherweise werden je ein Serviceventil im Niederdruck- und im Hochdruckbereich der Anlage vorgesehen. Beides sind Nadelventile. Um Verwechslungen zu vermeiden, ist bei R134a-Anlagen das Hochdruckventil größer als das Niederdruckventil ausgeführt. Die Schnittdarstellungen eines Serviceventils und des dazu passenden Kupplungsstückes für den Schlauch des Servicegeräts zeigt Bild 4.22.

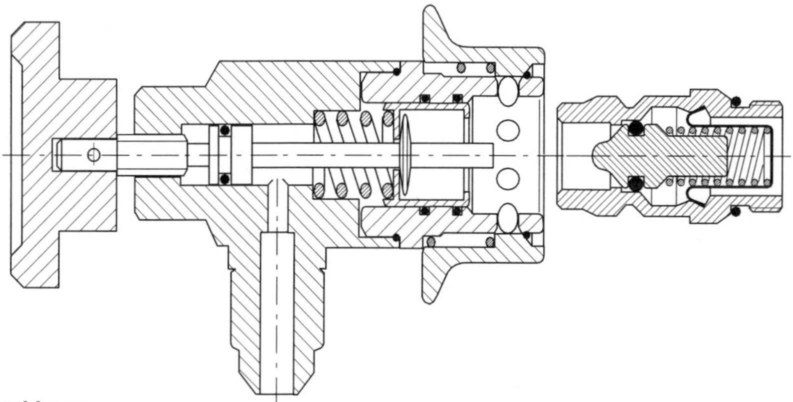

Bild 4.22
Schnellverbindung aus Nadelventil und Kupplungsstück

4.9.3 Dämpfer

Dämpfer werden nur eingebaut, wenn die Anlage Geräusche entwickelt, die allgemein auf Druckimpulse zurückzuführen sind, die vom Kompressor herrühren. Es sind zylindrische Metallbehälter (Bild 4.23), die in die Leitung eingebaut werden.

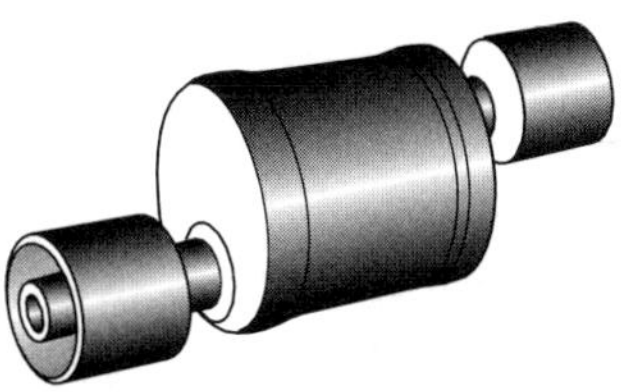

Bild 4.23
Dämpfer

4.10 Kältemittelkreisprozeß

Der zunächst schematisch in Bild 4.1 dargestellte Kreisprozeß ermöglicht den Transport von Wärme dadurch, daß das Kältemittel periodisch den Aggregatszustand ändert. Dazu ist es erforderlich, den Druck so einzustellen, daß bei Umgebungstemperatur einerseits die Kondensation erfolgt und auf der anderen Seite die Verdampfung zur Senkung der Temperatur der Zuluft genutzt wird. Diese Vorgänge können in einem Druck-Enthalpie-Diagramm veranschaulicht werden, das auch zur Auslegung der Bauelemente des Kältemittelkreislaufs verwendet wird.

4.10.1 *p-h*-Diagramm

Die Umwandlung des Aggregatzustands des Kältemittels vollzieht sich bei konstanter Temperatur. Um das Kältemittel zu verdampfen, muß ihm Wärme zugeführt, für die Verflüssigung, Wärme entzogen werden. Für einen konstanten Druck zeigt Bild 4.24 diesen Vorgang. Durch die Wahl des Druckes kann die Temperatur des Prozesses beeinflußt werden.

Bild 4.24
Temperatur-Enthalpie-Diagramm

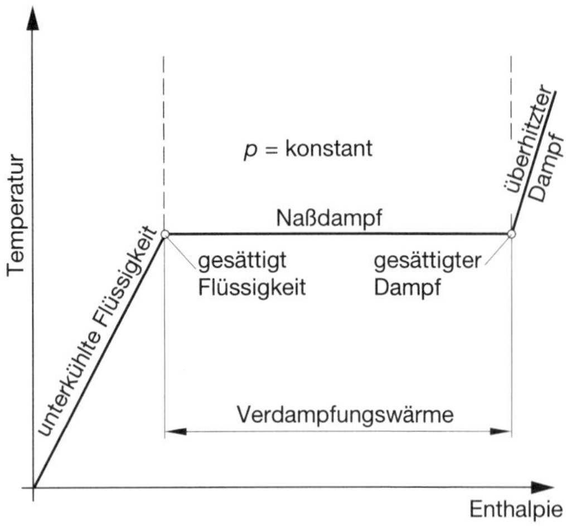

Die Größe der zu- bzw. abzuführende Wärmemenge ist vom Druck abhängig. Eine zusammenfassende Darstellung ermöglicht das Druck-Enthalpie-Diagramm, das allgemein für die Darstellung kältetechnischer Prozesse verwendet wird. Da die Achse, auf der der Druck aufgetragen wird, eine logarithmische Teilung aufweist, wird es auch log *p*-*h*-Diagramm genannt. Seinen grundsätzlichen Aufbau zeigt Bild 4.25.

Entlang der Abszisse wird der Wärmeinhalt bzw. die Enthalpie aufgetragen. Linien gleicher Enthalpie (Isenthalpen) verlaufen demzufolge senkrecht. Auf der Ordinate wird in logarithmischer Teilung der Druck aufgetragen. Die Linien $x = 0$ und $x = 1$ begrenzen das Naßdampfgebiet. Links der Linie $x = 0$ ist das Kältemittel flüssig. Man spricht von der gesättigten Flüssigkeit. Die Linie $x = 1$ kennzeichnet den gesättigten Dampf. Rechts von ihr liegt das Gebiet des überhitzten Dampfes. Die Linien gleichen Dampfgehaltes x = konst. laufen alle auf den kritischen Punkt K zu. Oberhalb des kritischen Punktes ist es nicht mehr möglich, einen gasförmigen Stoff zu verflüssigen.

Die Linien gleichen Druckes (Isobaren) verlaufen waagerecht. Innerhalb des Naßdampfgebiets verlaufen auch die Linien gleicher Temperatur (Isothermen) waagerecht. Im Flüssigkeitsgebiet sind die Isothermen senkrechte Linien, im Heißdampfgebiet sind es Kurven, die sich mit fallendem Druck der Senkrechten nähern.

Es wird angenommen, daß die Verdichtung des Kältemittels ohne Wärmeaustausch erfolgt. Dieser Vorgang wird in der Thermodynamik als adiabatische Verdichtung bezeichnet. Die Enthalpieerhöhung wird durch die mechanische Verdichtungsarbeit erreicht, ohne daß ein Wärmeaustausch an den Wänden des Verdichtungsraumes eintritt. Die Adiabaten im log *p*-*h*-Diagramm sind annähernd Geraden mit recht steilem Anstieg.

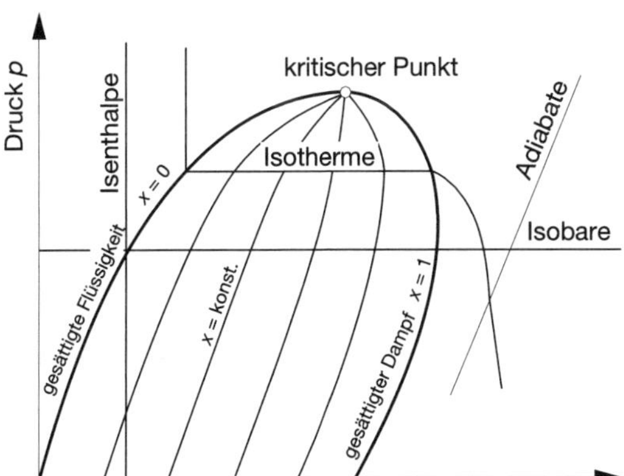

Bild 4.25
Aufbau des log *p*-*h*-Diagramms

4.10.2 Kältemittelkreisprozeß im *p*-*h*-Diagramm

Zur Erläuterung dient Bild 4.26. Durch Verdampfen beim Druck p_B nimmt das Kältemittel Wärme auf. Diese Wärmemenge wird als Kälteleistung der Anlage bezeichnet. Sie setzt sich aus der latenten Verdampfungswärme und der Überhitzung des Kältemittels zusammen. Die Überhitzung des Kältemitteldampfes (Strecke C–C') schützt den Verdichter vor Flüssigkeitsschlägen. Der Druckverlust in der Ansaugleitung wird durch die Strecke C'–F berücksichtigt, so daß die Verdichtung entlang der Adiabaten F–D verläuft. Die Druckverluste der Hochdruckseite sind in der Strecke D–D' zusammengefaßt. Die Verflüssigung wird durch Kühlen des stark überhitzten Kältemitteldampfes bewirkt. Dabei erfolgt zunächst die Abkühlung von der Verdichtungsendtemperatur $\vartheta_{D'}$ auf die Kondensationstemperatur ϑ_E. Dabei wird dem überhitzten Dampf die sensible Wärme h_D–h_E entzogen. Im weiteren Abkühlungsverlauf wird die latente Kondensationswärme h_E–h_A bei konstanter Temperatur $\vartheta_E = \vartheta_A$ abgeführt. Daran schließt sich die Unterkühlung der Flüssigkeit auf $\vartheta_{A'}$ an. Dazu muß der Flüssigkeit die sensible Wärme h_A–$h_{A'}$ entzogen werden.

Die Entspannung des Kältemittels findet relativ schnell auf einer sehr kurzen Strecke statt. In der kurzen Zeit kann es weder Wärme von außen aufnehmen noch Wärme abgeben, so daß die Drosselung als isenthalper Vorgang angenommen wird. Im *p*-*h*-Diagramm entspricht dem die senkrechte Linie A'–B'. Die Entspannung des Kältemittels ist mit der Absenkung der Temperatur auf die Verdampfungstemperatur $\vartheta_G = \vartheta_B = \vartheta_{B'} = \vartheta_C$ verbunden. Das wird dadurch erreicht, daß ein Teil des Kältemittels verdampft, denn der Punkt B' liegt bereits im Naßdampfgebiet. Der gasförmige Anteil des Kältemittels, der infolge der Drosselung entsteht, wird Drosselgas oder Flashgas genannt. Für die Unterkühlung des Kältemittels ist eine entsprechend größerer Kondensator erforderlich. Dadurch wird jedoch die Kälteleistung des Verdampfers verbessert.

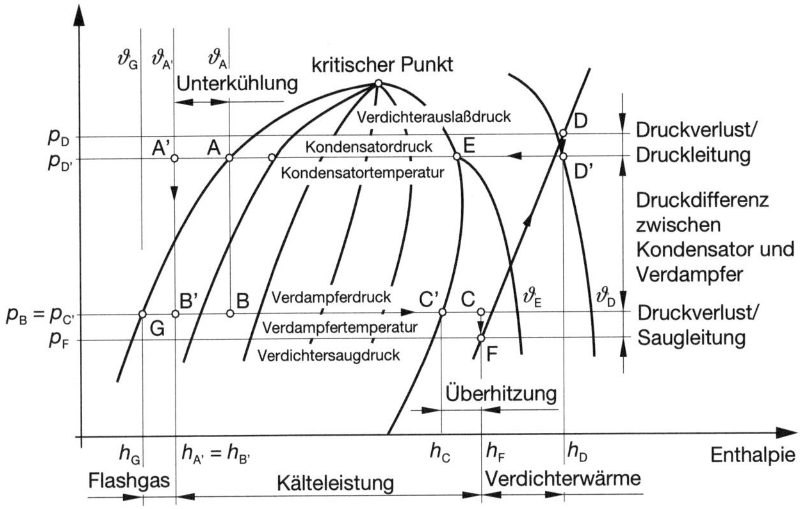

Bild 4.26
Kreisprozeß der Kompressionskältemaschine

5 Betrieb von Klimaanlagen

Zum Kühlen der Luft muß Energie aufgewendet werden, die letztlich einen Beitrag zum Kraftstoffverbrauch bringt. Durch richtige Bedienung kann der Energieverbrauch minimiert werden, ohne daß Abstriche an Komfort und Behaglichkeit gemacht werden müssen.

Die Kühlleistung der Klimaanlage wird nach Extremsituationen ausgelegt, wie z.B. das schnelle Herunterkühlen der Raumluft in einem in der Sonne aufgeheizten Pkw. Zweckmäßig geschieht das nach gutem Lüften im Umluftbetrieb, bei dem die installierte Kühlleistung ausgenutzt wird. Im Fahrbetrieb werden jedoch Lufttemperaturen im mittleren Bereich gewünscht, so daß die Kälteanlage im Teillastbereich betrieben wird.

Der Winterbetrieb in den nördlichen und mittleren geographischen Breiten erfordert keine Luftkühlung. Ein behagliches Innenraumklima kann durch Heizen und Lüften erreicht werden.

5.1 Klimatisierung des Fahrgastraums

Die Klimaanlage bildet zusammen mit der Fahrzeugheizung und Fahrzeuglüftung eine funktionelle Einheit. Bei optimal betriebenem Kältekreislauf werden meist Lufttemperaturen erreicht, die unter der Behaglichkeitsgrenze liegen. Die Luft muß also wieder erwärmt werden, bevor sie dem Fahrgastraum zugeführt wird. Dazu führt man den Frischluftstrom nach dem Passieren des Verdampfers über den Wärmeaustauscher der Heizung (Bild 5.1).

Je nach Komfort der Fahrzeugausrüstung erfolgt die Verstellung der Mischklappe von Hand mittels Seilzug oder durch einen Verstellmotor, der von einem Thermostaten gesteuert wird. Dadurch wird versucht, die Innenraumtemperatur konstant zu halten.

Die bekannte Bedieneinheit für die Heizung und Lüftung ist zusätzlich mit einem Temperaturwahlschalter versehen (Bild 5.2), mit dem die Solltemperatur am Thermostaten eingestellt wird.

Die vielfältigen Einflüsse auf die Temperatur im Fahrgastraum sind jedoch erst mit einer elektronischen Regelung (Electronic Climat

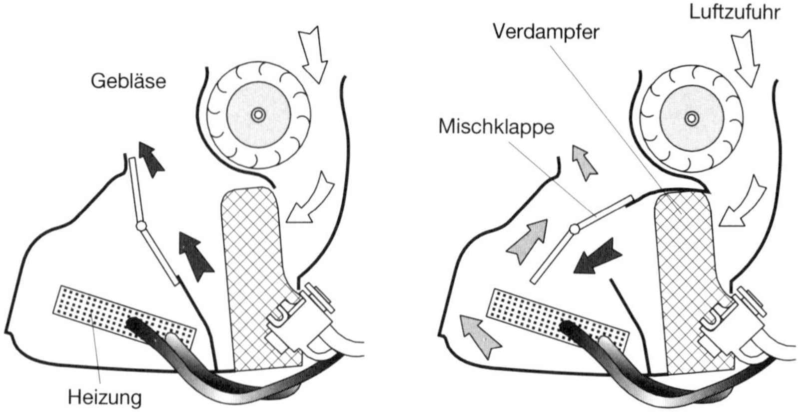

Größte Zufuhr kalter Luft, Mischklappe geschlossen, Gebläse auf höchster Stufe

Mischung aus kalter und warmer Luft, Mischklappe z.B. ganz geöffnet

Bild 5.1
Einstellen der Lufttemperatur durch Mischen

Control — ECC) zufriedenstellend zu beherrschen. Ihr Kern ist eine elektronische Steuereinheit (Electronic Control Unit — ECU), deren Funktion anhand des in Bild 5.3 dargestellten Schemas erlrläutert wird.

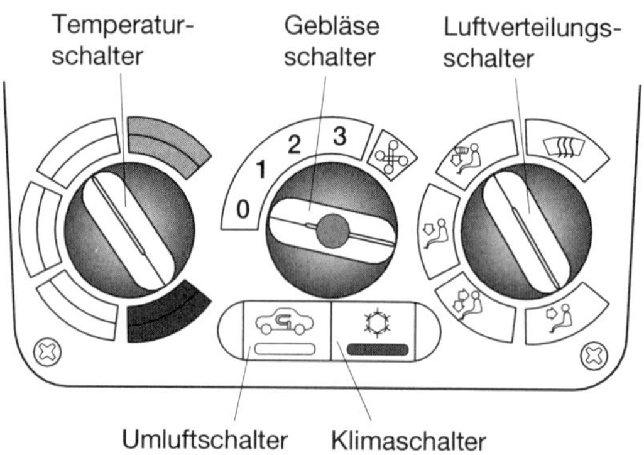

Bild 5.2
Bedieneinheit

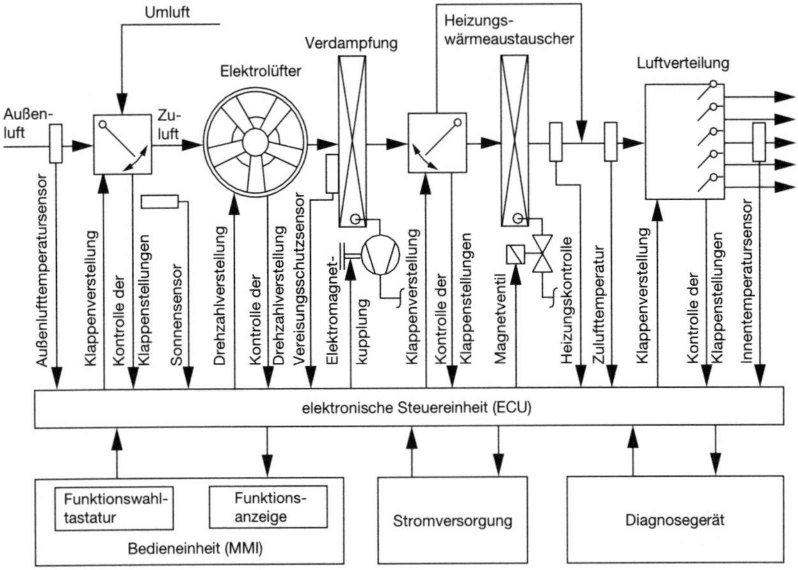

Bild 5.3
Schema der elektronisch gesteuerten Klimaanlage

Die Sollwerte der Betriebsart sowie der Innenraumtemperatur, der Luftmenge und ihrer Verteilung werden über die Funktionstastatur der Bedieneinheit (Man Machine Interface — MMI) in die elektronische Steuereinheit eingegeben. Die gewählten Werte werden auf einem Display angezeigt. Die elektronische Steuereinheit führt einen Soll-/Istwert-Vergleich zwischen den eingegebenen Werten und den Daten durch, die durch Auswerten der mit Sensoren gemessenen Zustände gewonnen werden. Sie gibt daraufhin Steuersignale an die Stellglieder der Anlage, so daß die Sollwerte auf effektive Weise erreicht werden. Mit Sensoren werden erfaßt:

- die Außentemperatur (z.B. mittels Fühler im Außenspiegel oder im vorderen Stoßfänger),
- die Verdampfertemperatur (bezeichnet als Vereisungsschutzsensor),
- die Heizungstemperatur (Luftstrom nach Passieren des Wärmeaustauschers),
- die Zulufttemperatur (nach dem Mischen von gekühlter und erwärmter Luft),

- die Innentemperatur (mit einem kleinen Gebläse belüfteter Sensor, meist in der Armaturentafel),
- in neueren Anlagen, der Einfluß der Sonneneinstrahlung (Oberseite der Armaturenverkleidung).

Der Prozeß der Luftaufbereitung wird mit folgenden Stellgliedern (Aktoren) beeinflußt:

- Schalter zur Betätigung der elektromagnetischen Kupplung des Kompressors,
- Schalter für das Kondensatorgebläse (in Bild 5.3 nicht dargestellt),
- Klappenverstellung in der Zuluftzufuhr (Außenluft/Umluft),
- Drehzahlverstellung des Elektrolüfters,
- Verstellung der Luftleitklappe (Durchgang/Umgehung des Heizungswärmeaustauschers),
- Magnetventil zur Steuerung des Abzweigs aus dem Motorkühlkreislauf,
- Klappenverstellungen in der Luftverteilung.

Grundsätzlich kann die Anlage im Kühl- oder im Heizbetrieb gefahren werden. Entsprechend ist der Kältemittelkreislauf ein- bzw. ausgeschaltet. In beiden Betriebsarten kann die Einhaltung der gewünschten Innenraumtemperatur automatisch oder manuell gesteuert werden. Die Funktion AUTO entspricht dem vollautomatischen Betrieb bei einschaltbarem Kältemittelkreislauf. Um die gewünschte Temperatur zu erreichen, schaltet die elektronische Steuerung je nach den aktuellen Umgebungsbedingungen den Kältemittelkreislauf und/oder den Heizungskreislauf zu. Die Funktion ECON realisiert den automatischen Heizbetrieb, als Economy-Betrieb bezeichnet. Dabei ist der Kältemittelkreislauf abgeschaltet. Die gewünschte Innenraumtemperatur ist nur erreichbar, wenn sie über der Außentemperatur liegt.

Als Beispiel ist in Bild 5.4 die Bedieneinheit einer vollautomatischen Klimaanlage abgebildet. Mit dieser Anlage können die Lufttemperatur und die Luftverteilung für die Fahrer- und die Beifahrerseite manuell eingestellt werden. Außer den bereits erwähnten Betriebsarten AUTO und ECON sind der Defrosterbetrieb, der Umluftbetrieb und der Restwärmebetrieb wählbar. Im Defrosterbetrieb erfolgt die Luftverteilung zur Windschutzscheibe und den Seitenscheiben, um sie möglichst schnell von Eis oder Beschlag zu befreien. Im Umluftbetrieb wird die Staudruckklappe geschlossen und die Luft aus dem

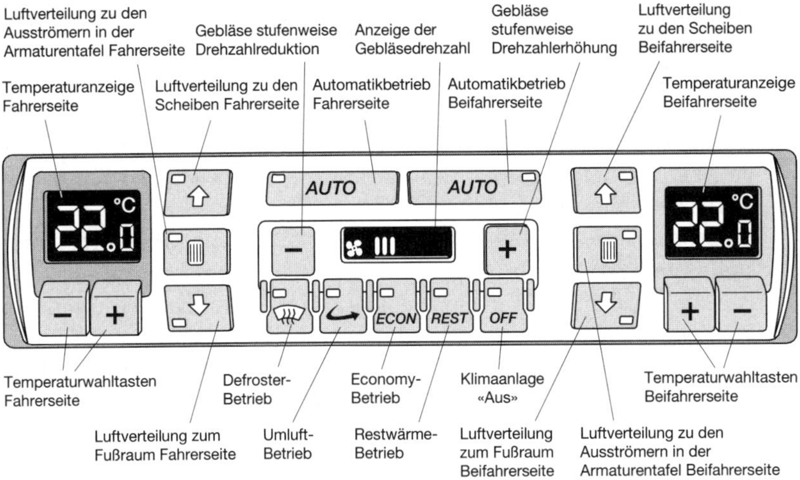

Bild 5.4
Gestaltung einer Bedieneinheit

Fahrzeuginnenraum umgewälzt. Der Restwärmebetrieb ermöglicht das Heizen des Fahrzeugs bei abgestelltem Motor aus der noch im Kühlmittel vorhandenen Wärme.

Zur Erleichterung der Störungssuche besitzt das elektronische Steuergerät einen Anschluß für ein Diagnosegerät, z.B. einen Personalcomputer, auf dem das Diagnoseprogramm des Anlagenherstellers genutzt werden kann.

Die Stromversorgung aus dem Bordnetz sei nur der Vollständigkeit halber erwähnt.

5.2 Bedienung der Klimaanlage

Zur richtigen Bedienung der Klimaanlage können folgende Hinweise dienen:

- Die Temperatur sollte niemals unter 18 °C betragen, da sonst Erkältungsgefahr besteht. Der günstigste Temperaturbereich liegt zwischen 20 und 23 °C. Die Höchsttemperatur ist 25 °C.

- Um das Zugempfinden zu vermeiden, sollte der Kühlluftstrom niemals direkt auf den Körper, sondern nach oben oder zur Seite gerichtet werden.
- Bei häufigerem Ein- und Aussteigen bei hohen Außentemperaturen sollte die Temperatur auf 25 °C eingestellt werden, um den Körper vor zu starken Temperaturänderungen zu bewahren und den Kreislauf nicht übermäßig zu belasten.
- Menschen mit labilem Kreislauf sollten rasche Temperaturumstellungen vermeiden und bei hohen Außentemperaturen vor dem Aussteigen bei geöffnetem Fenster noch ein paar Minuten im Fahrzeug sitzen bleiben,
- das durch Parken in der Sonne aufgeheizte Fahrzeug vor dem Einsteigen und dem Anstellen der Klimaanlage gut durchlüften,
- danach die Raumlufttemperatur im Umluftbetrieb bei geschlossenen Türen und Scheiben und starker Gebläseleistung herunterfahren. Zu gegebener Zeit ist nachzuregulieren.
- Das Beschlagen der Scheiben bei feuchter und kühler Witterung kann durch Anblasen mit trockener Luft aus der Klimaanlage vermieden werden. Mit dem Gebläse und der Heckscheibenheizung kann unterstützt werden.
- Im Umluftbetrieb können extreme Belastungen der Außenluft, z.B. Stau im Tunnel, Gülletransporte oder dergleichen, überbrückt werden. Ausschließlicher Umluftbetrieb sollte jedoch vermieden werden, um der Konzentration von selbsteingeschleppten Krankheitskeimen und ihrer Kultivierung im Filter vorzubeugen.
- Das beim Trocknen der Luft am Verdampfer abgeschiedene Kondenswasser wird nach unten abgeleitet. Nach dem Benutzen der Klimaanlage kann sich eine kleine Pfütze unter dem abgestellten Fahrzeug bilden, was absolut ungefährlich und ohne jegliche Umweltbelastung ist.

6 Betriebsstoffe und Handhabung

Um die Klimaanlage zu betreiben, ist ein Kältemittel, mit dem die im Fahrgastraum aufgenommene Wärme abtransportiert wird, unentbehrlich. Es wurde verständlich, daß der Wärmetransport nur möglich ist mittels Temperaturerhöhung, die im Kältemittelverdichter stattfindet. Um die beweglichen Teile des Verdichters vor übermäßigem Verschleiß zu schützen, ist ihre Schmierung unerläßlich. Dazu wird Öl verwendet, das im Verdichter mit dem Kältemittel in Berührung kommt und deshalb neben den allgemeinen Anforderungen an ein gutes Schmieröl zusätzliche Verträglichkeiten aufweisen muß.

Eigenschaften der Kältemittel und die Anforderungen an Kältemaschinenöle werden in den folgenden Abschnitten behandelt.

6.1 Kältemittel

Das Kältemittel wechselt in einem Kreislauf ständig seinen Aggregatszustand von flüssig nach gasförmig im Verdampfer und von gasförmig nach flüssig im Kondensator. Dabei wird die latente Verdampfungswärme dem Kältemittel im Verdampfer durch Entzug aus der außen vorbeigeführten Luft zugeführt. Diese Wärmemenge wird, nachdem das Temperatur- und Druckniveau des Kältemitteldampfes durch den Verdichter erhöht wurde, an die Kühlluft des Kondensators und damit an die Umgebung wieder abgegeben. Dabei wird das Kältemittel verflüssigt.

Aus dem Bestreben, den Kreisprozeß möglichst effektiv und sicher zu führen, werden folgende Anforderungen an das Kältemittel gestellt:

- Es soll eine möglichst große spezifische und volumetrische Kälteleistung aufweisen, so daß die Anlage mit geringem Energieaufwand und kleinen Bauelementen betrieben werden kann.
- Es soll einen möglichst hohen Wärmeübergangskoeffizienten aufweisen, damit die Wärmeaustauschflächen klein sein können.

- ❑ Der Verflüssigungsdruck soll möglichst niedrig sein, damit das Verdichtungsverhältnis des Kompressors und seine mechanische Belastung beherrschbar sind.
- ❑ Es muß bei den auftretenden Drücken und Temperaturen chemisch beständig sein.
- ❑ Chemische Reaktionen mit den Werkstoffen der Bauelemente, den Dichtungsmaterialien und dem Öl dürfen nicht vorkommen.
- ❑ Es soll gut mit Öl mischbar sein.
- ❑ Es sollte ungiftig, nicht brennbar und nicht explosiv sein.
- ❑ Es soll umweltverträglich und bei auftretenden Undichtheiten leicht feststellbar sein.

Übliche Kältemittel sind Ammoniak (NH_3), Kohlendioxid (CO_2) sowie Kohlenwasserstoffverbindungen. Letztere werden in Kleinkältegeräten und Kfz-Klimaanlagen bevorzugt verwendet. Kohlenwasserstoffe werden auch als Brenngase genutzt (Methan, Ethan, Propan usw.). Sie sind zudem in bestimmten Mischungsverhältnissen mit Sauerstoff bzw. mit Luft explosiv. Durch Ersetzen von Wasserstoffatomen durch die Halogene Chlor, Fluor und Brom entstehen nichtbrennbare Gase, die sog. Fluorchlorkohlenwasserstoffe (FCKW), die in reiner Form oder als Gasgemisch in Kälteanlagen eingesetzt worden sind. In der Kältetechnik werden sie als Frigene bezeichnet und mit einem R für «refrigeration» (deutsch: Kühlung) gekennzeichnet, etwa R12, R22, R502 usw. Die angeschlossene Zahl kennzeichnet die chemische Zusammensetzung des Kältemittels.

6.1.1 Zusammensetzung und Bezeichnung der Frigene

Die einfachste Kohlenwasserstoffverbindung ist das Methan. Die 4 Valenzen eines Kohlenstoffatoms sind durch Bindungen mit Wasserstoffatomen gesättigt.

$$\begin{array}{ccccc} & & H & & \\ & & | & & \\ H & — & C & — & H = CH_4 \\ & & | & & \\ & & H & & \end{array}$$

Durch Abspalten der Wasserstoffatome und Ersetzen durch Fluor und Chlor entsteht das Kältemittel R12

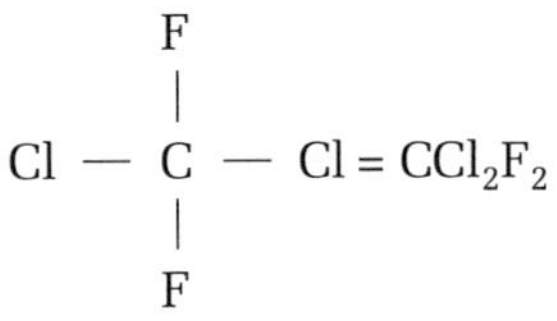

Weitere Kombinationen von Wasserstoff-, Chlor- und Fluoratomen mit dem 4-wertigen Kohlenstoffatom sind möglich. Dementsprechend werden unterschieden:

- FCKW = Fluorchlorkohlenwasserstoffe,
- FKW = Fluorkohlenwasserstoffe, in denen kein Chlor enthalten ist, und
- H-FKW = teilhalogenierte Fluorkohlenwasserstoffe.

Teilhalogeniert bedeutet, daß mindestens 1 Valenz des Kohlenstoffatoms durch ein Wasserstoffatom gebunden ist, also nicht alle Valenzen mit Halogenen belegt sind. Beispiel für ein teilhalogenierten Kohlenwasserstoff ist das Kältemittel R22.

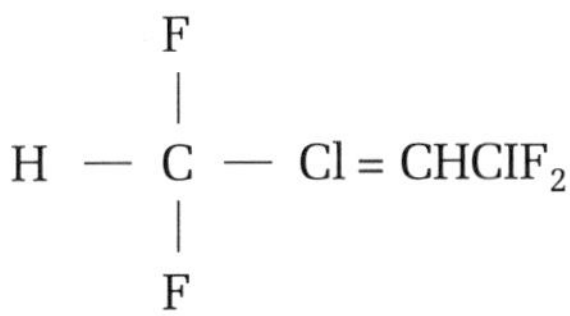

Aus der Kältemittelbezeichnung, bestehend aus dem Buchstaben R und einer 3-stelligen Zahl, kann nach den folgenden Regeln auf die chemische Zusammensetzung geschlossen werden:

- Ziffer der 100er-Stelle + 1 = Anzahl der Kohlenstoffatome
- Ziffer der 10er-Stelle − 1 = Anzahl der Wasserstoffatome
- 1er-Stelle = Anzahl der Fluoratome

Die Anzahl der Chloratome wird aus der Differenz zu den möglichen Bindungen berechnet.

Beispiele:

R12:	Kohlenstoffatome	0 + 1	= 1
	Wasserstoffatome	1 – 1	= 0
	Fluoratome		= 2
	Chloratome	4 – 2	= 2
R134a:	Kohlenstoffatome	1 + 1	= 2
	Wasserstoffatome	3 – 1	= 2
	Fluoratome		= 4
	Chloratome	6 – 6	= 0

«a» in der Bezeichnung kennzeichnet die Symmetrie im Molekülaufbau.

6.1.2 Ozonabbau durch FCKW

Mit den ungiftigen, nichtbrennbaren, halogenierten Kohlenwasserstoffen glaubte man lange Zeit, ein optimales Kältemittel gefunden zu haben. Schließlich stellte sich in den 70er Jahren heraus, daß in die Atmosphäre gelangte FCKW zum dauerhaften Abbau des in der Stratosphäre enthaltenen Ozons beitragen. Ozon schützt aber die Lebewesen auf der Erdoberfläche vor der zerstörenden Wirkung der ultravioletten Sonnenstrahlung, deren Wirkung durch Absorbtion und Reflexion der Strahlung in den Weltraum stark reduziert wird.

Die atmosphärische Luft besteht zu 99,9% aus N_2, O_2, CO_2 und Ar. Den Rest bilden Spuren von Gasen, die jedoch einen wesentlichen Einfluß auf den Zustand des gesamtem Gasgemisches ausüben können. Das ist insbesondere unter der Wirkung der UV-Strahlung der Sonne der Fall.

O-Atome verbinden sich unter den Bedingungen der Stratosphäre zu Ozon: O_3. Die recht instabilen Moleküle bestehen aus 3 Sauerstoffatomen, die ringförmig angeordnet sind

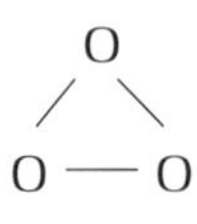

Die Ozonbildung wird durch die UV-Strahlung begünstigt. Gleichzeitig erfolgt aber auch eine Ozonzerlegung in 1-atomigen Sauerstoff. Das Bindungsbestreben des 1-atomigen Sauerstoffs ist besonders stark. Er verbindet sich sofort wieder mit anderen Atomen. Das können wieder Sauerstoffatome sein, so daß wieder 2-atomiger Sauerstoff und Ozon entstehen. Sind jedoch Fremdatome mit stärkerer Bindungskraft vorhanden, so binden diese den freien Sauerstoff. Besonders Chlor zeigt dieses Verhalten.

Atomares Chlor entsteht durch Aufbrechen von FCKW in der UV-Strahlung. Sowohl die freien Chloratome als auch die nunmehr ungesättigten Kohlenwasserstoffmoleküle reagieren mit dem atomaren Sauerstoff und verhindern damit die erneute Ozonbildung. Durch den fortschreitenden Prozeß kommt es zur Verringerung der Ozonmenge in der Stratosphäre. Das zeigt sich in der stetigen Vergrößerung des Ozonloches über den Polen. Die damit verbundenen Gefahren für das Leben auf der Erde können nur aufgehalten werden, wenn der FCKW-Ausstoß verhindert wird. Die Transportzeit des FCKW in die Stratosphäre beträgt ca. 30 Jahre, so daß aufgrund der bisher entwichenen und abgegebenen Mengen noch mit einer Zunahme der Schädigung der Ozonschicht zu rechnen ist.

Deshalb gilt in der Bundesrepublik Deutschland seit Inkrafttreten der FCKW-Halon-Verbotsverordnung am 01.08.1991 ein absolutes Verbot von FCKW-Emissionen. Ab dem 01.01.1995 ist auch die Herstellung von mobilen FCKW-Anlagen jeglichen Füllgewichts durch diese Verordnung untersagt. Darunter fallen auch Kfz-Klimaanlagen. Chlorhaltige Kältemittel sind zu ersetzen. Als Ersatz für das chlorhaltige Kältemittel R12 wird in Kfz-Klimaanlagen das Kältemittel R134a eingesetzt. Es ist ausschließlich mit Fluor halogeniert. Diese Stoffgruppe wird als Fluorkohlenwasserstoffe (FKW) bezeichnet.

Die Fähigkeit eines Kältemittels, die Ozonbildung zu verhindern, wird mit dem Kennwert «Ozonabbaupotential» ODP (engl.: Ozone Depletion Potential) beschrieben. Die Werte betragen für

R 12 $ODP = 1$
R 134a $ODP = 0$

6.1.3 Treibhauseffekt der Kohlenwasserstoffe

Mit dem Begriff «Treibhauseffekt» wird die allmähliche Erwärmung der unteren Erdatmosphäre bezeichnet. Die Wärmestrahlung der Sonne, die an der Erdoberfläche ankommt wird zum Teil reflektiert. Davon strahlt ein Teil wieder in den Weltraum zurück. Ein anderer Teil wird von der Atmosphäre auf die Erde reflektiert, so daß eine bestimmte Wärmemenge stets zwischen Erdoberfläche und Atmosphäre in Bewegung ist. Daraus ergibt sich eine durchschnittliche Temperatur der Erdoberfläche von +13 °C.

FCKW, FKW und weitere Spurengase in der Atmosphäre bremsen die Wärmeabgabe der Erde, so daß es zur Erwärmung der Erdoberfläche kommt. Einen wesentlichen Beitrag liefert auch das CO_2, über das im Zusammenhang mit der Verwendung fossiler Brennstoffe heftig diskutiert wird.

Die Fähigkeit eines Gases, Strahlungswärme im infraroten Bereich zu binden, wird mit der Kenngröße «Treibhauspotential» *GWP* (Halocarbon Global Warming Potential) beschrieben. Die Werte betragen für

R12 $GWP = 3$
R134a $GWP = 0{,}26$

Die Zahlenangaben ODP und GWP sind Relativwerte, mit denen ein Vergleich mit den entsprechenden Eigenschaften von R11 vorgenommen wird.

Wegen des noch vorhandenen Treibhauspotentials ist das Kältemittel R134a kein idealer Ersatz für R12. Es ist also über längere Zeit auch mit der Ablösung von 134a durch ein Kältemittel mit wesentlich kleinerem Treibhauspotential zu rechnen. In der Diskussion sind Propan und Butan.

6.2 Kältemaschinenöl

Die einzigen bewegten Teile des Kältemittelkreislaufs befinden sich im Verdichter. Das Kältemaschinenöl übernimmt folgende Aufgaben:

- Schmierung von Lagern, Kolben-Zylinder-Paarungen oder Rotoren,
- Abdichtung der Druckräume,
- Kühlung thermisch beanspruchter Verdichterteile,
- Korrosionsschutz,
- Geräuschdämpfung.

Bei Kleinkältekompressoren wird die Spritzschmierung angewendet. Dabei dient das Gehäuse als Vorratsbehälter, aus dem das Öl an die Schmierstellen gespritzt oder geschleudert wird. Dabei kommt es zwangsläufig mit dem Kältemittel in Kontakt und wird auf der Druckseite des Verdichters mit in den Kältekreislauf eingespeist. Die

Leitungen und Bauelemente müssen so angeordnet sein, daß das Öl durch den Kreislauf zurückgeführt werden kann. Öl benetzt im Verflüssiger die Wände und behindert dadurch den Wärmeübergang und verringert die Leistung. Bei Verwendung von Mineralöl (nur in R12-Anlagen) kann es im Expansionsventil infolge der starken Temperaturabsenkung zum Ausflocken von Paraffin und damit zur Verstopfung kommen. Im Verdampfer steigt mit den dort vorhandenen niedrigen Temperaturen die Viskosität und damit nimmt die Fließfähigkeit des Öls ab. Bei zu geringen Gasgeschwindigkeiten besteht die Gefahr, daß das Öl nicht vollständig mitgerissen wird und sich im Verdampfer absetzt. Eine Leistungsminderung des Verdampfers und eventuell Ölmangel im Verdichter sind die Folgen.

Die Schmierung muß auch unter dem Einfluß des Kältemittels bei allen auftretenden Betriebsbedingungen gesichert sein. Am Druckventil und im Druckstutzen, den wärmsten Stellen des Kreislaufs, wird das Öl thermisch stark beansprucht. Beim Transport durch die Anlage kühlt es sich zunächst auf die Kondensationstemperatur, dann auf die Verdampfungstemperatur des Kältemittels ab. Dabei ist es der Einwirkung des Kältemittels ständig ausgesetzt und hat Kontakt mit unterschiedlichen Werkstoffen, die katalytisch auf die Ölalterung wirken können.

Es werden folgende Öleigenschaften gefordert:

- gute Mischbarkeit mit dem Kältemittel,
- Verträglichkeit mit den Werkstoffen der Bauteile und Dichtungen,
- gute Schmierfähigkeit,
- ausreichende Viskosität bei den auftretenden Temperaturen,
- thermische Stabilität, um die Entstehung von Verkokungen und Verharzungen zu verhindern,
- chemische Stabilität gegenüber dem Kältemittel, um Reaktionen zu verhindern, die zur Ölversäuerung und zur Bildung korrosiver Produkte führen,
- geringe Feuchtigkeitsaufnahme,
- niedriger Stockpunkt,
- Alterungsbeständigkeit,
- geringe Kosten.

Nach DIN 8960 wird für Anlagen, in denen voll- oder teilfluorierte Kohlenwasserstoffe als Kältemittel verwendet werden, Kältemaschinenöle der Gruppe KD eingesetzt.

Die Auswahl des Öls erfolgt durch den Hersteller nach der Art des Kältemittels und den in der Anlage auftretenden Temperaturen. Richtig gewähltes Öl mischt sich intensiv mit dem Kältemittel. Grundsätzlich sind beide Stoffe jedoch nur begrenzt mischbar. In bestimmten Temperaturbereichen tritt Phasentrennung ein, so daß es bei starken Abweichungen der Prozeßtemperatur von der Normallage zur Entmischung kommen kann. Man spricht von einer Mischungslücke. Dabei schwimmt das leichtere Kältemittel auf dem Öl. Stellt sich aufgrund entsprechender Temperaturen solch eine Mischungslücke im Kurbelgehäuse des Verdichters ein, wird ausschließlich Kältemittel angesaugt und der Verdichter fällt wegen Schmierstoffmangel aus. In Bild 6.1 ist als Beispiel die Mischbarkeit eines Öls auf Polyol-Ester-Basis mit R134a dargestellt. Bei einer Verdampfertemperatur von –12 °C enthält das Kältemittel-Öl-Gemisch ca. 15...25% Öl. Sinkt die Temperatur auf –20 °C, z.B. durch eine geringere Belastung des Verdampfers, können nur noch ca. 8% Öl in Lösung gehalten werden. Die Differenzmenge wird aus der Lösung ausgeschieden und muß durch den Gasstrom mitgerissen werden. Im Temperaturbereich zwischen etwa –10...+85 °C besteht vollständige Mischung. Im Kältemittelkreislauf treten Temperaturen zwischen ungefähr –5 °C am Verdampferaustritt und +100 °C am Kompressoraustritt auf. Wegen der Mischungslücke im Hochtemperaturbereich muß bei Verwendung des angeführten Öls für eine Ölrückführung vom Druckstutzen in das Verdichtergehäuse gesorgt werden. Die meisten Kältemaschinenöle weisen nur eine Mischungslücke im Bereich tieferer Temperaturen auf.

In FCKW-Anlagen, z.B. Klimaanlagen mit R12, werden üblicherweise hochdestillierte Mineralöle zur Schmierung eingesetzt. Sie müssen frei von Schwefel, Wachs und Feuchtigkeit sein, um den Betrieb der Anlage nicht zu stören. Die chlorfreien Kältemittel, wie das R134a, verlangen synthetische Öle auf der Basis von Polyolestern (POE) oder *Polyalkylenglykol* (PAG). *Da beide synthetische Öle sich nicht mit Mineralölen mischen, ist bei der Umstellung einer R12-Anlage auf R134a unbedingt auf einen vollständigen Ölwechsel zu achten. Dazu ist die Anlage tief zu evakuieren und erst danach neu zu befüllen.*

In größeren, stationären Anlagen wird vor der Umstellung des Kältemittels das Öl ausgetauscht und in Abständen mehrmals gewech-

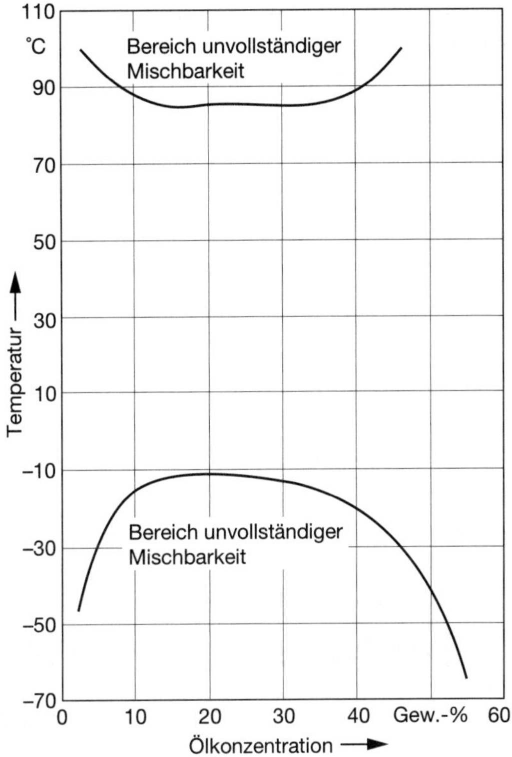

Bild 6.1
Löslichkeitsgrenze für das Shell Clavus Oil R100 mit R134a

selt, um den Mineralölanteil möglichst weit abzusenken. Für Kfz-Klimaanlagen schreiben die Hersteller gelegentlich das Spülen der Anlage vor.

POE- und PAG-Öle weisen ein großes Bestreben zur Aufnahme von Feuchtigkeit auf — sie sind stark hygroskopisch. Auf die Gefahr des Einfrierens des Expansionsventils durch zu feuchtes Kältemittel wurde bereits hingewiesen.

In Kfz-Klimaanlagen werden in Verbindung mit dem Kältemittel R134a PAG-Öle eingesetzt. Problematisch ist ihre hohe Feuchtigkeitsaufnahme. Da Luft immer Feuchtigkeit enthält, sollte Kältemaschinenöl nur so wenig wie möglich damit in Verbindung gebracht werden. Es empfiehlt sich die Verwendung von Kleingebinden, die stets vollständig aufgebraucht werden sollten.

Wegen der hohen Wasserdampfdiffusion von Kunststoffen sollen die Gebinde aus Metall sein. Um den Wassergehalt so gering wie möglich zu halten, muß die Anlage nach jedem Öffnen evakuiert werden.

7 Service und Wartung

Fahrzeugklimaanlagen müssen regelmäßig gewartet werden, um ihre Funktion und Sicherheit zu jedem Zeitpunkt und unter allen äußeren klimatischen Bedingungen zu gewährleisten. Zu betrachten sind die Baugruppen in den Stoffflüssen der zugeführten Luft und des Kältemittels.

Oftmals wird wegen des höheren technischen Aufwandes und des daraus folgenden größeren Umfanges der Arbeiten ausschließlich der Kältemittelkreislauf berücksichtigt. Dabei wird die Nutzungsfunktion der Anlage, ein behagliches Klima im Fahrgastraum zu erzeugen, leicht übersehen. Als erstes wird also die Kälteleistung der Anlage in Verbindung mit Lüftung und Heizung überprüft. Auf eventuell auftretende Geruchsbelästigung ist zu achten.

Eine Reihe von Funktionsstörungen haben ihre Ursache im Kältemittelkreislauf. Besondere Aufmerksamkeit ist dem Zustand des Kältemittels zu widmen. Mechanische Verschmutzung, Feuchtigkeit und Kältemittelmangel sind häufige Ursachen der Störungen. Das Kältemittel muß aus der Anlage abgesaugt, gereinigt und gegebenenfalls nach der Instandsetzung der Anlage wieder aufgefüllt werden.

7.1 Arbeiten mit dem Servicegerät

Fast alle Arbeiten an der Anlage beginnen mit dem Absaugen des Kältemittels und enden mit dem erneuten Befüllen. Um Umweltbeeinträchtigungen zu vermeiden, ist die Verwendung eines Servicegerätes unerläßlich.

Nach dem Funktionsumfang werden Servicegeräte und Recyclinggeräte unterschieden. Mit Servicegeräten kann der Kältemittelkreislauf entleert, evakuiert und mit neuem Kältemittel sowie Kompressoröl befüllt werden. Das abgesaugte Kältemittel wird in einem Behälter gesammelt und kann an anderer Stelle aufgearbeitet oder entsorgt werden. Das Aufbereiten umfaßt chemisches Binden von Säuren, Trocknung, Herausfiltern mechanischer Verunreinigungen und Abscheiden von Öl. Alles wird als Dienstleistung vom Kältemittelhandel angeboten.

Mit Recyclinggeräten kann das Kältemittel in der Werkstatt unmittelbar nach dem Absaugen aus der Anlage aufgearbeitet werden. Nach der Instandsetzung der Anlage wird es wieder aufgefüllt. Eventuelle Fehlmengen werden aus einer Originalflasche ergänzt.

Mobile Service- und Recyclinggeräte können in der Werkstatt an jedem Platz eingesetzt werden, an dem 220-V-Netzspannung verfügbar ist. Sie werden allgemein hoch- und niederdruckseitig mittels Schläuchen an den Kältemittelkreislauf der Klimaanlage angeschlossen. Sie enthalten

- einen leistungsfähigen Kompressor, mit dem das Kältemittel von der Niederdruckseite der Anlage gasförmig abgesaugt wird,
- einen Aufnahmebehälter für das abgesaugte Kältemittel,
- einen Kältemittel-Vorratsbehälter für die Neubefüllung,
- eine Waage oder einen Meßzylinder zur exakten Bestimmung der Füllmenge,
- Manometer zur saug- und druckseitigen Druckmessung,
- eine Vakuumpumpe zum Evakuieren der Anlage und ein Manometer zum Prüfen der Dichtheit,
- gegebenenfalls Säurefilter, Trockner und Ölabscheider zum Recyclieren des Kältemittels.

Die Bauelemente des Geräts sind durch Leitungen verbunden. Mit eingebauten Magnetventilen wird das Gerät gesteuert. Ein elektronisches Steuerteil koordiniert das Schalten der Ventile. Per Tastendruck können verschiedene Programme gewählt werden, mit denen die Servicefunktionen automatisch ausgeführt werden. Bild 7.1 zeigt ein vereinfachtes Funktionsschema der Kältemittelaufarbeitung. Im konkreten Fall ist der Bedienanleitung des Geräteherstellers zu folgen.

Instandsetzungsarbeiten sind meist nur am geöffneten Kältemittelkreislauf möglich. Vor dem Öffnen ist die Anlage zu entleeren. Dazu wird das Druckgefälle zwischen der Hochdruckseite der Anlage und der leeren Recyclingflasche genutzt (hochdruckseitiges Entleeren). Nachdem der Druckausgleich hergestellt ist, wird mit dem Kompressor des Servicegeräts niederdruckseitig abgesaugt.

Um während der Arbeiten an der geöffneten Anlage eingedrungene Fremdgase (Luft) und Feuchtigkeit zu entfernen, wird vor dem Wiederbefüllen mit gasförmigem Kältemittel oder mit Stickstoff

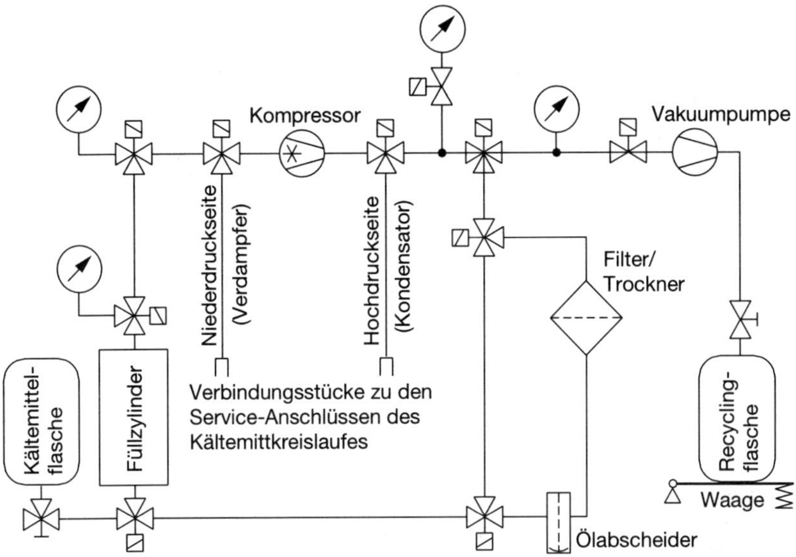

Bild 7.1
Kältemittelaufbereitung

gespült. Dazu wird die Anlage mit einer geringen Menge Gas befüllt und mit dem eigenen Kompressor oder dem des Servicegeräts mehrere Minuten lang betrieben. Anschließend wird das Spülgas abgesaugt und die Anlage evakuiert. Das Kältemittel wird dabei in der Recyclingflasche aufgefangen. Stickstoff darf ins Freie abgegeben werden.

Beim Evakuieren wird in der Anlage ein absoluter Druck von etwa 0,6...0,5 bar erzeugt. Dadurch werden Luft und vor allem Feuchtigkeit in ausreichendem Maße entfernt. Das so erzeugte Vakuum wird für die Prüfung der Dichtheit der Anlage benutzt. Dazu werden die Ventile so gestellt, daß nur noch das Unterdruckmanometer anzeigt. Wird das Vakuum über eine Zeit von etwa 10...20 min gehalten, gilt die Anlage als dicht. Anderenfalls ist das Leck zu suchen und zu beseitigen.

Ist die Anlage dicht, wird sie mit Kältemittel befüllt. Dabei ist die vorgeschriebene Menge präzise einzuhalten. Sowohl Über- als auch Unterbefüllung können die Ursache von Funktionsstörungen sein. Die erforderliche Menge wird durch Abfüllen aus dem Vorratsbehälter in einen Meßzylinder des Servicegeräts oder mit Hilfe einer eingebauten

Waage bestimmt. Aus Zeitgründen wird zunächst die Hochdruckseite flüssig befüllt und nachdem der Druckausgleich eingetreten ist, mit dem Kompressor die Restmenge gasförmig ergänzt.

Mit dem Kältemittel wird in jedem Fall auch Kompressorenöl aus der Anlage abgesaugt. Um eine ausreichende Schmierung des Kompressors zu sichern, wird es durch neues ersetzt. Dazu wird die abgesaugte Ölmenge durch Ablassen aus dem Ölabscheider des Recyclinggeräts in einen Meßbecher festgestellt. Das Kompressoröl

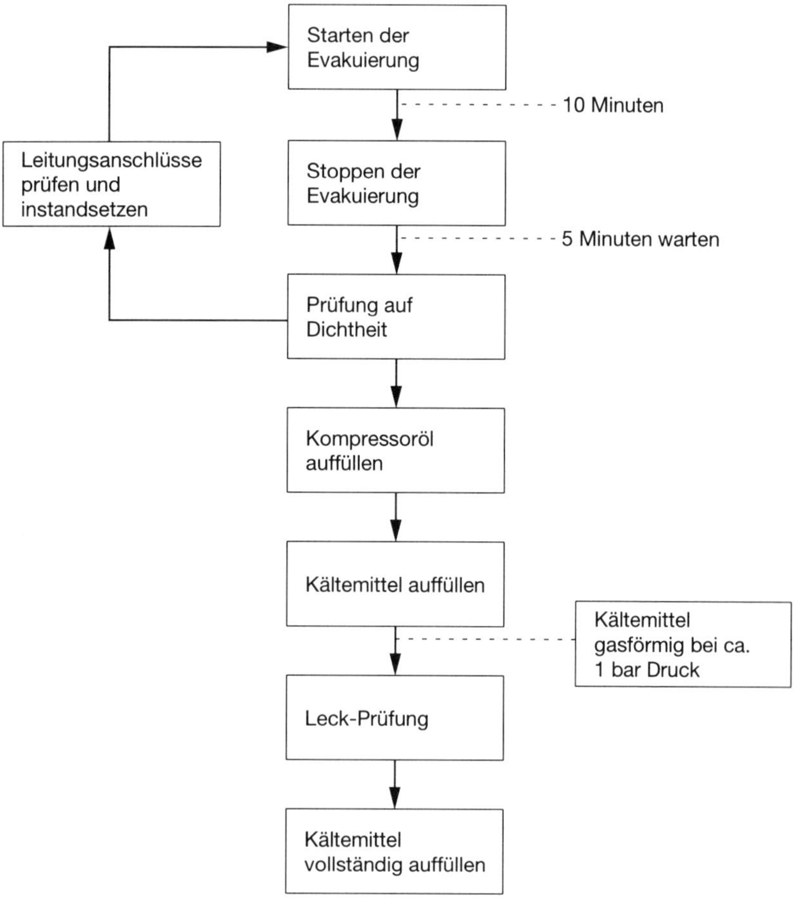

Bild 7.2
Ablaufschema der Neubefüllung

wird nach dem Evakuieren der Anlage unter Nutzung des Vakuums eingesaugt. Dabei ist wegen der hygroskopischen Eigenschaft des Öl zügig zu arbeiten und darauf zu achten, daß keine Luft angesaugt wird.

Der Ablauf der Neubefüllung einer Anlage ist in Bild 7.2 dargestellt.

7.2 Lecksuche

Eine zu geringe Füllmenge infolge Undichtheiten im Kältemittelkreislauf ist häufig Ursache für Funktionsstörungen der Klimaanlage, deshalb sollte die Diagnose immer mit der Lecksuche beginnen.

Die Vakuumkontrolle ist keine absolut sichere Aussage über die Gasdichtheit des Kältemittelkreislaufs. Deshalb sollte eine Lecksuche nach dem Befüllen der Anlage unbedingt durchgeführt werden. Wird ein Leck gefunden, ist das Kältemittel wieder abzusaugen, das Leck zu beseitigen und die Anlage erneut zu befüllen.

Ein großes Leck zeigt sich als Verschmutzung und Schmierfleck an der Austrittstelle des Kältemittels. Sicherer als die optische Prüfung ist die Lecksuche mit speziellen Lecksuchgeräten. In der Praxis werden 2 unterschiedliche Methoden angewendet.

Das Leck wird mit einer Lampe gesucht, die ultraviolettes Licht abstrahlt und damit eine fluoreszierende Flüssigkeit zum Leuchten bringt, die beim Befüllen der Anlage dem Kältemittel als Lecksuchadditiv beigegeben wird. Mit dem Kältemittel tritt das Lecksuchadditiv an undichten Stellen aus. Es ist für den Betrieb der Anlage ungefährlich, kann also in ihr verbleiben. Mit einem speziellen Reinigungsmittel können alte Additivspuren beseitigt werden, so daß sie bei erneuter Suche nicht stören. Die UV-Lampe (Bild 7.3) kann in einigem

Bild 7.3
UV-Lecksuchlampe und elektronisches Lecksuchgerät

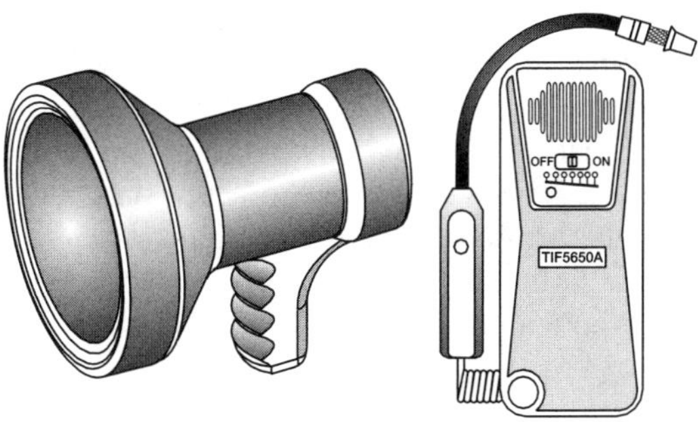

Abstand zu den Leitungen geführt werden. Zum Schutz der Augen vor direktem Strahleneinfall ist eine Schutzbrille zu tragen.

Mit elektronischen Lecksuchgeräten (Bild 7.3) wird nach ausgetretenem Kältemitteldampf gespürt. Dazu ist das Sondenendstück an die vermutete Leckstelle zu halten. Das Gerät analysiert die Zusammensetzung des angesaugten Gases und gibt mittels eines Signaltons und der LED-Anzeige eine entsprechende Warnung. Die Sonde sollte, da Kältemittel schwerer als Luft sind, unterhalb der Leitungen geführt werden. Der Motor muß abgestellt und die Luftbewegungen im Motorenraum sollten möglichst gering sein. Da einige Geräte auch auf Kohlenwasserstoffdämpfe reagieren, die Kältemitteln ähnlich sind (Reinigungsmittel, Frostschutzmittel, Kraftstoff), sollte der Motorenraum vor der Prüfung gut belüftet werden.

Eine weitere Lecksuchmethode ist die Befüllung der vorher evakuierten Anlage mit Stickstoff über den Betriebsdruck hinaus. Über etwa 30 min wird das Halten des Druckes geprüft. Stellt sich Druckabfall ein, wird das Kältesystem mit einem umweltfreundlichen Lecksuchspray behandelt, das die Leckage durch Aufschäumen des Sprays sichtbar macht. Nach der Dichtigkeitsprüfung wird der Stickstoff aus dem Kreislauf entfernt und nach erneutem Evakuieren Kältemittel aufgefüllt. Als Nebeneffekt bewirkt der Stickstoff eine zusätzliche Trocknung der Anlage.

7.3 Kältemittelumstellung

In der FCKW-Halon-Verbotsverordnung ist festgelegt, daß ab dem 30.06.1998 in Fahrzeugen das Kältemittel R12 nicht mehr verwendet werden darf. Als Ersatz hat das Umweltbundesamt das chlorfreie (für die Ozonschicht unschädliche) Kältemittel R134a festgelegt, da es ähnliche thermodynamische Eigenschaften wie R12 hat. Kälteleistung, Energiebedarf, Temperaturverhalten und Drucklagen sind zumindest im Anwendungsbereich der Kälte- und Klimatechnik vergleichbar (Bild 7.4).

Die Umrüstung älterer Anlagen ist neben dem Austausch des Kältemittels mit dem Austausch einiger Anlagenteile verbunden. Die Hersteller halten entsprechende Umbausätze vor. Allgemein sind folgende Arbeiten erforderlich:

Bild 7.4
Vergleich der Drucklagen von R 134a und R 12

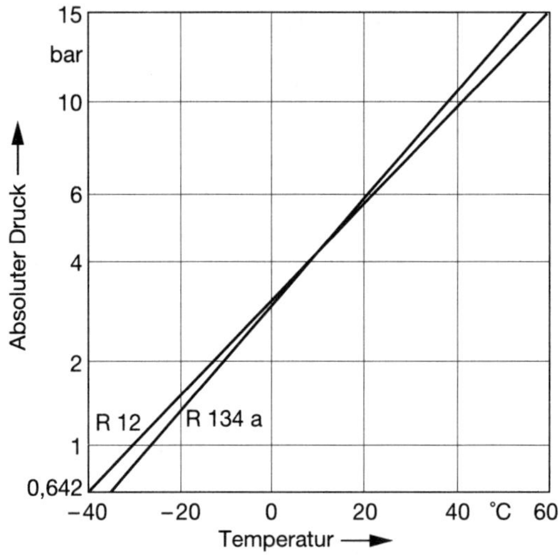

- Kältemittelschläuche sollten nach Möglichkeit gegen Aluminiumrohre ersetzt werden, ansonsten müssen Schläuche mit diffusionsdichter Innenschicht verwendet werden, die Rohrverbindungen sind hart zu löten statt zu verschrauben
- Dichtungen, speziell Rundringe, im Kompressor, an Leitungsverbindungen und Leitungsanschlüssen sind durch solche aus neuem Werkstoff zu ersetzen.
- Als Trockenmittel wird anstelle von Silikagel Zeolithe eingesetzt. In jedem Fall ist der Filter bzw. Trockner zu wechseln.
- Wegen höherer Anlagendrücke sind stärkere Ventile erforderlich.
- Das Kompressoröl ist vollständig zu wechseln. Für R134a darf nur das vorgeschriebene PAG-Öl verwendet werden.
- Die Serviceanschlüsse der Anlage sind mit Adaptern für R134a-Servicegeräte zu versehen.

Das Mischen beider Kältemittel, der unterschiedlichen Kompressoröle und die Fehlverwendung von Ölen ist unbedingt zu vermeiden. Das setzt bei der Umrüstung den Einsatz besonderer Servicegeräte für R12 und R134a voraus.

7.4 Wartung und Instandsetzung

Unzureichende Kühlleistung, Geräusch- und Geruchsentwicklungen sind die häufigsten Fehler an Klimaanlagen. Für das Beheben der Ursachen ist ein hohes Maß an Sachkenntnis der luft- und kältetechnischen Prozeßführung sowie der mechanischen und elektrischen Montage erforderlich. Praktische Erfahrungen und Kenntnis hersteller- sowie typenspezifischer Besonderheiten, insbesondere der Anlagensteuerung, sind bei der Fehlerdiagnose von großem Wert. Mit den folgenden Ausführungen können deshalb nur grundsätzliche und allgemeingültige Hinweise erfolgen.

7.4.1 Unzureichende Kühlleistung

Vor der Durchführung von Wartungs- und Instandsetzungsarbeiten am Kältemittelkreislauf einer Klimaanlage empfiehlt es sich, die typenspezifischen Hinweise des Herstellers zu studieren. Der sachkundige Mechaniker oder Meister muß jedoch einige grundsätzliche Dinge bei seiner Arbeit unbedingt beachten, die im folgenden zusammengefaßt sind:

- Zu Beginn jeder Arbeit am Kältemittelkreislauf ist der Kältemitteltyp der Anlage festzustellen. Hinweise geben das Etikett in der Nähe der Wartungsanschlüsse auf dem vorderen, oberen Querträger der Karosserie, die Kennzeichnung des Kompressors und die Kennzeichnung der Schlauchleitungen.
- Die Vermischung verschiedener Kältemittel muß unbedingt vermieden werden, da unkontrollierte Kältemittelgemische nur als Sondermüll entsorgt werden können. Bei Gebrauch sind vor allen Dingen Dichtungen und Schläuche gefährdet.
- Kältemittel niemals in die Atmosphäre entweichen lassen. Vor dem Öffnen der Anlage ist in jedem Fall das Kältemittel abzusaugen. Auch wenn die Anlage infolge Leckage bereits drucklos ist, ist sie zu evakuieren.
- Zum Austausch nur Originalteile verwenden, die für das Kältemittel geeignet sind. Das gilt insbesondere für Rundringe. Für R12 und R134a werden unterschiedliche Werkstoffe eingesetzt. Rundringe, die für R12 geeignet sind, quellen eventuell beim Einsatz in R134a-Anlagen, wodurch Undichtheiten entstehen können.

- Verwendung des richtigen Kompressoröls nach Empfehlung des Fahrzeugherstellers. Das Öl muß auf dem Gebinde als für das Kältemittel geeignet gekennzeichnet sein, speziell bei R134a. Bei Nichtbeachten besteht Gefahr, daß der Kompressor festläuft. Wenn nur geringe Mengen ungeeigneten Öls eingemischt werden, kann es zur Trübung des Kältemittels kommen.
- Wegen der hygroskopischen Eigenschaft des Kompressoröls ist der Kontakt mit der Luft so kurz wie möglich halten. Gebinde nach Gebrauch sofort wieder verschließen.
- Nur mit sauberem Werkzeug arbeiten. Insbesondere muß es trocken, öl- und fettfrei sein, da auch kleinste anhaftende Mengen zur Schädigung des Kältemittels führen können.
- In der Anlage ist das Kältemaschinenöl im Kältemittel gelöst und wird im Kreislauf durch die Anlage gefördert. Bei Stillstand haftet es an den Innenwänden der Anlage. Beim Austausch von Aggregaten muß die im Altteil verbliebene Ölmenge ersetzt werden, um einem Schmierstoffmangel im Kompressor vorzubeugen.
- Beim Austausch des Kompressors ist auf die richtige Ölfüllmenge zu achten. Neue Kompressoren sind oftmals mit der Ölmenge gefüllt, die für die gesamte Anlage vorgesehen ist. Die Ölmenge ist entsprechend den in der Anlage verbliebenen Teilen zu reduzieren. Bei zu großer Ölmenge sinkt die Kälteleistung der Anlage infolge des schlechteren Wärmeüberganges an den Innenwänden der Wärmeaustauscher. Bei zu geringer Ölmenge besteht die Gefahr des Festlaufens des Kompressors wegen Schmierstoffmangels.
- Anschlüsse niemals längere Zeit offen lassen, da mit der Umgebungsluft stets Feuchtigkeit eingeschleppt wird. Die Anschlüsse ausgebauter Leitungen und Aggregate sind nach dem Öffnen sofort mit Kappen oder Stopfen zu verschließen. Die Verschlüsse dürfen erst unmittelbar vor dem Wiedereinbau der Teile entfernt werden.
- Vor dem Einbau sind Dichtungen mit dem Kompressoröl der Anlage leicht einzufetten, um den Zusammenbau der Teile zu erleichtern: Niemals dafür andere Öle, Fette oder Silikonspray verwenden!
- Vorsicht bei der Ausführung von Schweiß- und Lötarbeiten! Kältemittel, von denen immer Reste in der Anlage verbleiben können, bilden in der Wärme bzw. in der offenen Flamme hochgiftige Gase (Phosgen), die beim Einatmen zu schweren Lungenschädigungen führen. Deshalb auch niemals in der Nähe von Kältemitteln rauchen!

- Rohre, Schläuche und Aggregate dürfen nur eingebaut werden, wenn sich die Anschlußstücke in optisch einwandfreiem Zustand befinden.
- Das Verdrehen und Knicken von Schläuchen und Rohren ist zu vermeiden.
- Die Anlage ist vor dem Befüllen stets zu evakuieren und auf Dichtheit zu überprüfen.
- Wartungsgeräte, die für R12-Anlagen ausgelegt sind, dürfen niemals an Anlagen eingesetzt werden, die mit anderen Kältemitteln arbeiten.

7.4.2 Geräusche in der Klimaanlage

Geräusche in der Klimaanlage werden mit dem Luftstrom in den Fahrgastraum getragen und beeinträchtigen dann das Behaglichkeitsempfinden. Sie sind mitunter schwierig zu orten, da die Ursachen auch außerhalb der Anlage liegen können. Mögliche Geräuschquellen und deren Ursachen sind in Tabelle 7.1 aufgeführt.

Tabelle 7.1 Ursachen für Geräusche in Klimaanlagen

Geräuschquelle	Ursache	Maßnahme
Keilriementrieb	Keilriemen rutscht	Verschleißzustand prüfen gegebenenfalls nachspannen oder wechseln
Riemenspann-vorrichtung	Wälzlager verschlissen	Wälzlager wechseln
Magnetkupplung	Kupplung rutscht durch infolge Verschleiß des Reibbelags	Lüftungsspalt kontrollieren, wenn Spaltmaß >0,6 mm Mitnehmerscheibe wechseln
Kompressorhalterung	Verschraubungen gelockert	Befestigung nachziehen, Flucht der Riemenscheiben überprüfen
Expansionsventil	durch Kältemittelstrom werden innere Bauteile zu Schwingungen angeregt	Expansionsventil wechseln
Kondenswasser-Abflußschlauch	gurgelndes Geräusch durch Saugwirkung der strömenden Luft	Rückschlagventil einbauen
Kompressor	verstärkte Verdichtungsgeräusche durch Fehler im Kältemittelkreislauf	Diagnose durch Druckprüfung auf Hoch- und Niederdruck-seite (s. Abschnitt 7.5)

7.4.3 Geruchsentwicklung

Erschöpfte und verrottete Filter sowie verschmutzte Verdampferlamellen sind gewöhnlich die Ursache von Geruchsentwicklungen. Im Rahmen der Wartung werden die Filtereinsätze gegen neue ausgetauscht und der Verdampfer äußerlich gereinigt. Zur Reinigung des Verdampfers kommen Seifenwasser, eventuell Lösungsmittel, Pinsel und Druckluft zur Anwendung. An der geschlossenen Anlage sollten niemals Dampfreiniger eingesetzt werden, da durch unkontrollierten Wärmeeintrag hohe Drücke im Kältemittelkreislauf entstehen, die zur Zerstörung von Anlagenteilen führen können. Das Eindringen von Feuchtigkeit in die geöffnete Anlage ist peinlichst zu verhindern.

Der erneuten Ausbildung von Bakterien- und Pilzkulturen kann durch Auftragen antiseptisch wirkender Mittel vorgebeugt werden.

Tabelle 7.2 Fehlersuche im Kältemittelkreislauf

Zustand	Symptome	mögliche Ursache
periodisch funktionierende Kühlung	während des Betriebs wechselnder Druck an der Niederdruckseite, manchmal zwischen Unterdruck und Normalwerten	Feuchtigkeit in der Anlage, Kältemittelkreislauf ist infolge Einfrierens des Expansionsventils und anschließendem Wiederauftauen zeitweise unterbrochen
unzureichende Kühlung	Druck im Hochdruck und Niederdruckteil zu niedrig, ständig Gasblasen im Schauglas sichtbar, unzureichende Kühlleistung	Anlage undicht
unzureichende Kühlung	Druck im Hochdruck und Niederdruckteil zu niedrig, Reifbildung an der Leitung vom Sammler bzw. Trockner zum Verdampfer	Druckabsenkung (Entspannung) im Filter bzw. Trockner, so daß die Verdampfung bereits in der Leitung vor dem Expansionsventil stattfindet
keine oder nur sporadisch einsetzende Kühlung	Unterdruck auf der Niederdruckseite und niedriger Druck auf der Hochdruckseite, Reif- oder Taubildung auf den Leitungen vor und nach dem Sammler bzw. Trockner	Kältemittelfluß in der Anlage durch Feuchtigkeit oder Schmutz behindert, Wärmesensorrohr des Expansionsventils undicht oder nicht richtig angelegt
unzureichende Kühlung	Druck an Nieder- und Hochdruckseite zu hoch, auch bei Leerlaufdrehzahl keine Gasblasen am Schauglas sichtbar	keine ausreichende Kühlleistung, da zu vie Kältemittel im System ist, unzureichende Kühlleistung des Kondensators
unzureichende Kühlung	Druck sowohl auf der Niederdruck- als auch auf der Hochdruckseite zu hoch, heiße Rohrleitung auf der Niederdruckseite, Gasblasen im Schauglas	Luft im Kältemittelkreislauf
unzureichende Kühlung	Druck an Nieder- und Hochdruckseite zu hoch, Reif- oder Taubildung an Rohrleitungen der Niederdruckseite	Störung am Expansionsventil, Wärmesensorrohr falsch eingebaut
keine Kühlung	Druck auf der Niederdruckseite zu hoch, auf der Hochdruckseite zu niedrig	Undichtheit im Inneren des Kompressors

agnose	Abhilfe
tertrockner ist übersättigt, so daß uchtigkeit im Kältemittel nsportiert wird	Filtertrockner austauschen, Feuchtigkeit aus der Anlage durch Evakuieren entfernen, Kältemittel neu auffüllen
ltemittelverlust infolge Leckage	Leck suchen, erforderlichenfalls Anlage entleeren und instandsetzen, erneut evakuieren und mit Kältemittel in richtiger Menge befüllen
rke Verschmutzung des Filters w. Trockners	Filter bzw. Trockner austauschen
ltemittelzirkulation terbrochen	1. Wärmesensorrohr überprüfen, 2. Expansionsventil auf Verschmutzung überprüfen, ggf. reinigen oder austauschen, 3. Filter bzw. Trockner austauschen
große Kältemittelmenge fgefüllt, Kühlleistung des ndensators unzureichend, da ihlrippen verstopft oder bläsemotor ausgefallen	1. Funktion des Gebläses prüfen 2. Kondensator reinigen 3. Kältemittelmenge prüfen und korrigieren
lage wurde vor der Befüllung zureichend evakuiert	Kompressoröl auf Menge und Verschmutzung überprüfen, Anlage evakuieren und neu befüllen
viel Kältemittel auf der ederdruckseite, da pansionsventil zu weit geöffnet	1. Einbauzustand des Wärmesensorrohres überprüfen, 2. Expansionsventil prüfen ggf. austauschen
mpressor defekt, Ventile undicht	Kompressor austauschen oder instandsetzen

7.5 Fehlersuche durch Druckprüfung

Für das fehlerfreie Funktionieren der Anlage ist Voraussetzung, daß der Zustand des Kältemittels im Hoch- und Niederdruckteil der Anlage charakteristische Werte für Druck und Temperatur aufweist. Tabelle 7.2 unterstützt die Fehlersuche im Kältemittelkreislauf. Die Diagnose erfolgt im wesentlichen auf der Basis von Druckmessungen. Dazu ist die Klimaanlage stationär bei Vollast zu betreiben. In der Werkstatt wird dieser Zustand etwa unter folgenden Bedingungen erreicht:

- mittlere Kompressordrehzahlen, entsprechende Motordrehzahlen zwischen 1500...2000 min^{-1},
- Gebläse auf höchste Stufe,
- Temperaturregler auf höchste Kühlleistung einstellen,
- Umluftbetrieb.

Die erreichbaren Anlagendrücke können von Fahrzeugtyp zu Fahrzeugtyp sehr unterschiedlich sein. Im konkreten Fall sind sie den Herstellerunterlagen zu entnehmen. In R134a-Anlagen liegen sie im Hochdruckbereich bei Außentemperaturen zwischen 20...40 °C etwa bei 15...25 bar, im Niederdruckteil bei 0,5...2 bar. Erreichbare Drucklagen sind aus dem in Bild 7.5 dargestellten Diagramm ersichtlich.

Eine Reihe von Ursachen für Funktionsstörungen in Klimaanlagen sind in der Tabelle 7.2 zusammengestellt worden.

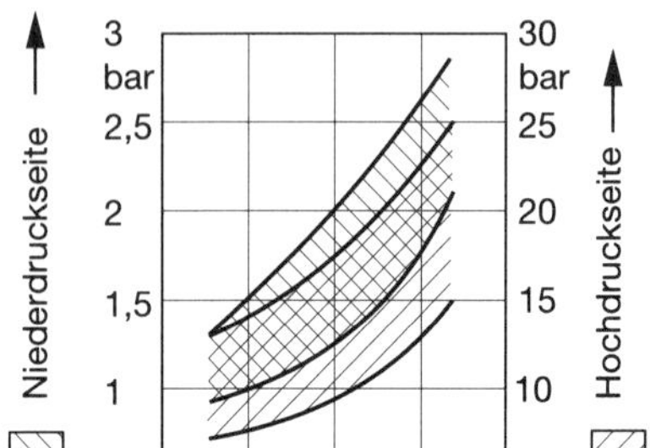

Bild 7.5
Drucklagen im Kältemittelkreislauf in Abhängigkeit von der Außentemperatur

7.6 Füllmengen, Drücke, Diagnosewerte

Mehrfach wurde bereits auf die genaue Einhaltung der einzufüllenden Kältemittel- und Ölmengen hingewiesen, um eine sichere Funktion der Anlage zu gewährleisten. Bei Wartungsarbeiten sollten diese Werte innerhalb der Toleranzen eingehalten werden, die von den Fahrzeugherstellern angegeben werden. Die Einhaltung der Kältemittelfüllmenge ist mit den Einrichtungen des Servicegerätes problemlos möglich. Schwieriger ist es nach dem Austausch von Aggregaten, die richtige Menge des einzufüllenden Öls zu bestimmen, denn trotz des Evakuierens verbleibt ein Ölrest in der Anlage. Generell ist die Ölmenge wieder einzufüllen, die am Ölabscheider des Recyclinggeräts anfällt. Allgemein wird ein Zuschlag von 10 cm^3 gemacht. Weitere Zuschläge werden berechnet, um die in den ausgetauschten Bauelementen anhaftenden Ölmengen zu ersetzen. Für einen neuen Verdampfer oder Kondensator werden jeweils 40 cm^3 veranschlagt.

Beim Austausch des Kompressors ist darauf zu achten, daß das fabrikneue Ersatzteil eventuell die Ölfüllmenge für die gesamte Anlage enthält. Für gegebenenfalls in der Anlage verbleibende Aggregate sollten die angegebenen Mengen abgefüllt werden, damit es zu keiner Ölüberfüllung kommt. Dadurch könnte sich der Wärmeübergang im Kondensator und im Verdampfer verschlechtern. Die Folge wäre ein Abfall der Kälteleistung der Anlage.

Soweit von den Herstellern zur Verfügung gestellt, sind fahrzeugspezifische Füllmengen und Drücke für den Kältemittelkreislauf in Tabelle 7.3 angegeben.

Tabelle 7.3 Technische Daten von Kfz-Klimaanlagen, Kältemittel R134a
Die Übersicht wurde nach den Angaben der Fahrzeughersteller oder allgemein zugänglichen umgerechnet. Für die Richtigkeit wird keine Gewähr übernommen.

Fahrzeughersteller **Fahrzeugtyp** **Modell**	*Werks-bezeichnung* *Herstellungs-datum* *Motor*	*Saugdruck bei 20 °C Außen-temperatur* *[bar]*	*Konden-sationsdruck bei 20 °C Außen-temperatur* *[bar]*	*Kaltluft-austritt* *[°C]*	*Hochdruck-sicherheitsschalter* *AUS* *[bar]*	 *EIN* *[bar]*
1	2	3	4	5	6	7
Alfa Romeo						
145						
146						
155						
156						
GTV/Spider						
164						
166						
Audi						
A3	ab 08.96					
Audi 80 Audi Coupé Audi Cabriolet	ab 10.92					
A4	ab 11.94					
Audi 100 / A6	10.92–03.97					
A6	ab 04.97					
V8	10.92–10.93					
A8	ab 05.94					
BMW						
2500-3,3 Si	E3	1,2	12,0	2–6		
2800 CS-3,3 CSi	E9	0.7	11,5	2–6		
520-528i	E12	1,2	12,0	2–6		
320/323	E21	1,0	12,1	5–9		
728/733i	E23	1,3	12,5	1–8		

nterlagen angefertigt. Wenn erforderlich, wurden die Daten auf die angegebenen Maßeinheiten

Niederdruck-sicherheitsschalter		*Vereisungs-schutz-schalter AUS*	*Kältemittel-füllmenge*	*Ölfüll-menge*	*Ölsorte*	*Bemerkungen*
AUS	*EIN*					
[bar]	*[bar]*	*°C*	*[g]*	*[cm³]*		
8	9	12	13	14	15	16
			700			
			700			
			700			
			650			
			650			
			1100	135	PAG 13M6	Sanden 7 H 15
			700			
			750 + 50	135 ± 15	PAG-Öl nach Ersatzteil-Nr. und Kompressor-typ	Expansionsventil, Kompressor: Sanden
			750 + 50	250 + 50		Drossel, Kompressor: Zexel 5-Zylinder-Motor
			650 + 50			4- oder 6-Zylinder-Motor
			650 + 50	250 + 50		Drossel, Kompressor: Zexel od. Nippondenso
			750 + 50	250 + 50		
			850 + 50	250 + 50		Drossel, Kompr.: Zexel oder Denso
			850 + 50	250 + 50		Drossel, Kompr.: Zexel
			750 + 50	250 + 50		Drossel, Kompr.: Zexel oder Nippondenso
			1000			
			1000			
			1000			
			850			
			1000			

Tabelle 7.3 Fortsetzung 1

Fahrzeughersteller **Fahrzeugtyp** **Modell**	*Werks-bezeichnung* *Herstellungs-datum* *Motor*	*Saugdruck bei 20 °C Außen-temperatur* *[bar]*	*Konden-sationsdruck bei 20 °C Außen-temperatur* *[bar]*	*Kaltluft-austritt* *[°C]*	*Hochdruck-sicherheitsschalter* *AUS* *[bar]*	 *EIN* *[bar]*
1	2	3	4	5	6	7
noch **BMW**						
630 CS/633 CSi	E24	1,2	12,0	1–8		
2002	E10	1,2	12,0	4–7		
316-325i	E30	1,6	11,5	4–8		
518i-M535i	E28	0,8	12,5	6,5–14		
730i-750iL	E32					
520i-535i	E34					
Daimler-Benz						
200 D-240 D 200-280 CE	W114/W115	0,7	11,5	0–4		
200 D-300 D 299-280 CE	W123	1,0	13,5	4–6		
280 S-450 SEL 450 SEL6.9 280 SL-450 SLC	W116 W116 R107	1,2	10,0	1–4		
190-190 E 190 D	W201	1,5	18	6–19		
200 D-300 D 200-300 CE	W124	1,5	18	5–19		
280 SE-500 SE	W126	1,3	12,0	3,5		
Fiat						
Cinquecento						
Cinquecento	Sporting					
Seicento						
Punto, Punto GT						
Punto GT Turbo						
Palio						
Tipo, Tempra	1ACT, D, TD					
Tipo, Tempra	2ACT					
Brava/Bravo						
Marea						

Niederdruck-sicherheitsschalter AUS [bar]	Niederdruck-sicherheitsschalter EIN [bar]	Vereisungs-schutz-schalter AUS °C	Kältemittel-füllmenge [g]	Ölfüll-menge [cm³]	Ölsorte	Bemerkungen
8	9	12	13	14	15	16
			1000			
			700			
			1000			
			950			
			1850			
			1150			
			1200			
			1000 1200 1000			
			950			
			1100			
			1300			
			700–750	85–115		Kompessor: Sanden 706
			550	100		Sanden 706
			500 ± 25			
			650-750	130–170	ND 9	Nippondenso TV12/TV14
			650–750	140–160	SK 20	Seiko Seiki SS20
			650			
			700–750	135	PAG SP 20	Sanden
			700–750	236	RL 488	Harrison V5
			600	140–180 238	ND 9 RL 488	Nippondenso TV 14 SC Harrison V5
			600			

Tabelle 7.3 Fortsetzung 2

Fahrzeughersteller **Fahrzeugtyp** **Modell**	*Werks-bezeichnung* *Herstellungs-datum* *Motor*	*Saugdruck bei 20 °C Außen-temperatur* *[bar]*	*Konden-sationsdruck bei 20 °C Außen-temperatur* *[bar]*	*Kaltluft-austritt* *[°C]*	*Hochdruck-sicherheitsschalter* *AUS* *[bar]*	 *EIN* *[bar]*
noch **Fiat**						
Barchetta						
Coupé						
Croma						
Ulysse						
Scudo						
Ducato Panorama						
Ducato						
Hyundai						
Sonata	MJ95				34,3	27,6
	MJ96				34,3	27,6
	MJ97				34,3	27,6
Sonata EF	MJ99				31,4 ± 2	25,5 ± 2
ATOZ	MJ98,99				31,4 ± 2	25,5 ± 2
Lantra J1	MJ95				31,4 ± 2	25,5 ± 2
Lantra RD	MJ96				31,4 ± 2	25,5 ± 2
	MJ97				31,4 ± 2	25,5 ± 2
Accent	MJ95				31,4 ± 2	25,5 ± 2
	MJ96				31,4 ± 2	25,5 ± 2
	MJ97,98				31,4 ± 2	25,5 ± 2
S-Coupé	MJ95				31,4 ± 2	25,5 ± 2
Coupé	MJ97				31,4 ± 2	25,5 ± 2
KIA						
Clarus, Clarus Kombi	1,8 und 2,0 DOHC				31,4	25,5
Sportage	DOHC, SOHC, Turbo-Diesel				32	27
Pregio	2,7 Diesel	1,5–3,5	13,0–20		32 ± 2	27 ± 2

Niederdruck-sicherheitsschalter AUS [bar]	EIN [bar]	Vereisungs-schutz-schalter AUS °C	Kältemittel-füllmenge [g]	Ölfüll-menge [cm^3]	Ölsorte	Bemerkungen
			600	140–180	ND 9	Nippondenso TV 14 SC
			720–745	135	PAG SP 20	Sanden BX 307
			1100	135	PAG 13 M 66	Sanden 7 H 15
			625–675	135	PAG SP 20	Sanden SDV 710
			1200			
			1150–1250			
			1000			
6 ± 0,1	3,24		800 ± 25	207–230	FD46XG	
45	3,24		725 ± 25	207–230	FD46XG	
45	3,24		725 ± 25	210–220	FD46XG	
0 ± 0,2	2,3 ± 0,25	? 0,5	700 ± 25	150	FD46XG	Kondensatorgebläse [bar] EIN: 11,3 ± 1,2 AUS: 15,2 ± 0,8
0 ± 0,2	2,2 ± 0,2	1,5 ± 1		150	FD46XG	
0 ± 0,2	2,2 ± 0,2	1,5 ± 1	ca. 680	140–160	FD46XG	
0 ± 0,2	2,2 ± 0,2	1,0 ± 1	700±25	170–190	FD46XG	
0 ± 0,2	2,2 ± 0,2	1 ± 1	700 ± 25	170–190	FD46XG	
0 ± 0,2	2,2 ± 0,2	1,5 ± 1	675 ± 5	140–160	FD46XG	
0 ± 0,2	2,2 ± 0,2	1,5 ± 1	675 ± 5	170–190	FD46XG	
,0 ± 0,2	2,2 ± 0,2	1,5 ± 1	675 ± 5	170–190	FD46XG	
,0 ± 0,2	2,2 ± 0,2	0	675 ± 25	140–160	FD46XG	
,0 ± 0,2	2,2 ± 0,2	1,0 ± 1	700 ± 25	170–190	FD46XG	
,0	2,2	2,5	700±30	200 140–160	EXL200PG PG	Flügelzellenk. DKV-14C Taumelsch. FX15
,0	2,25	0	700		ZXL200PG	Flügelzellenk. DKV-14C
± 0,2	2,25	0	830	200	ND-8	10-Zyl.-Taumelsch.-K.

Tabelle 7.3 Fortsetzung 3

Fahrzeughersteller **Fahrzeugtyp** **Modell**	*Werks-bezeichnung* *Herstellungs-datum* *Motor*	*Saugdruck bei 20 °C Außen-temperatur* *[bar]*	*Konden-sationsdruck bei 20 °C Außen-temperatur* *[bar]*	*Kaltluft-austritt* *[°C]*	*Hochdruck-sicherheitsschalter* *AUS* *[bar]*	 *EIN* *[bar]*
1	2	3	4	5	6	7
Lancia						
Y10						
Y						
Delta, Dedra	1ACT, D, TD					
Delta, Dedra	2ACT					
δ						
Dedra						
Thema F.L.'88						
Thema F.L.'92						
K						
Z						
Mazda						
121	ZQ					
DEMIO	DW					
323	BJ					
626	GF/GW					
Xedos 6	CA					
Xedos 9	TA					
MPV	LV					
Nissan						
	N14	1,5–1,85	11,00–13,80			
	B13	1,5–1,86	11,00–13,90			
	K11	1,57–2,65	8,73–10,69			
	W11	1,77–2,17	9,91–12,06			
	Y61	1,96–2.46	13,70–14,70			
	Y60	0,98–1,97	11,77–14,70			
	R50	1,75–2,56	12,50–16,70			

Niederdruck-sicherheitsschalter		*Vereisungs-schutz-schalter*	*Kältemittel-füllmenge*	*Ölfüll-menge*	*Ölsorte*	*Bemerkungen*
AUS	*EIN*	*AUS*				
[bar]	*[bar]*	°C	*[g]*	*[cm³]*		
8	9	12	13	14	15	16
			730			
			650–700	140	ND 9	Nippondenso TY 14 EC
			700–750	135	PAG SP 20	Kompressor: Sanden
			700–750	236	RL488	Kompressor: Harrison V5
			720			
			720			
			1100			
			1100	135	PAG 13 M 6	Sanden 7 H 15
			800 730	130–170 135	ND 9 PAG SP 10	Nippondenso 6 CA 17 Sanden 7 V 16
			625–675	135	PAG SP 20	Sanden SDV 710
			740	200	PAG	
			650	150	PAG	
			600	150	PAG	
			625 700	150	PAG	Kondensator mit 26 Rohrschlangen Kondensator mit 32 Rohrschl.
			700	175–185	PAG	
			700 800	175	PAG	Kondensator mit 25 Rohrschlangen Kondensator mit 32 Rohrschl.
			800	200	PAG	
			700–800	200	Typ R	
			700–800	200	Typ R	
			650–750	150	Typ R	
			550–650	200	Typ R	
			750–850	300	Typ S	
			550–650	200	Typ S	
			600–700	200	Typ S	

Tabelle 7.3 Fortsetzung 4

Fahrzeughersteller **Fahrzeugtyp** **Modell**	*Werks-bezeichnung* *Herstellungs-datum* *Motor*	*Saugdruck bei 20 °C Außen-temperatur* *[bar]*	*Konden-sationsdruck bei 20 °C Außen-temperatur* *[bar]*	*Kaltluft-austritt* *[°C]*	*Hochdruck-sicherheitsschalter* AUS *[bar]*	EIN *[bar]*
1	2	3	4	5	6	7
noch **Nissan**	WA21	1,62–2,16	12,95–15,99			
	Y10	1,94–2,39	13,93–16,18			
	P10	1,5–1,86	11,00–13,80			
	A32	1,37–1,68	9,81–13,40			
	P11	1,37–2,17	8,73–10,98			
	C23	2,354–2,893	11,47–13,53			
	N15	1,18–2,26	8,92–11,38			
	R20	1,60–1,90	14,90–16,50			
	S14	1,47–2,16	8,14–9,91			
	D22	0,69–0,78	9,91–12,06			
Opel						
Vectra-B		1,9–2,1	10–18			
Omega-B		1,9–2,1	10–18			
Peugeot	106				26	
	306					
	405					
	605					
	806					
Porsche						
911	F-G	1,0	11,0	2–6		

Niederdruck-sicherheitsschalter		Vereisungs-schutz-schalter AUS	Kältemittel-füllmenge	Ölfüll-menge	Ölsorte	Bemerkungen
AUS	*EIN*					
[bar]	*[bar]*	*°C*	*[g]*	*[cm³]*		
8	9	12	13	14	15	16
			750–850	200	Typ R	
			650–750	180 200	CR-14 DKV-11D	Calsonic Zexel
			700–800	200	Typ R	
			600–700	250	Typ S	
			600 ± 50	180	Typ R	
			675 ± 50 725 ± 50	250	Typ S	Einfachklima Doppelklima
			500–600 600–700 600–700	180 Calsonic 200 Zexel	Typ R	2,0 Liter 1,6 Liter 2,0 Liter Diesel
			700–800	200	Typ R	
			600–700	200	Typ R	
			600–700	200	Typ S	
			1000	295 120 155		4-Zyl.-Benzinmotor V-6-Benzinmotor Dieselmotor
			950	265 155		Ottomotor Dieselmotor
			975 ± 25		PAG-Öl	SP20 für Verdichter mit festem Hubraum, SP10 für Verdichter mit variablem Hubraum
			900 ± 25			
			675			
			885			
			1000–50			
			1000			

Tabelle 7.3 Fortsetzung 5

Fahrzeughersteller **Fahrzeugtyp** **Modell**	*Werks-bezeichnung* *Herstellungs-datum* *Motor*	*Saugdruck bei 20 °C Außen-temperatur* *[bar]*	*Konden-sationsdruck bei 20 °C Außen-temperatur* *[bar]*	*Kaltluft-austritt* *[°C]*	*Hochdruck-sicherheitsschalter* *AUS* *[bar]*	 *EIN* *[bar]*
1	2	3	4	5	6	7
Renault						
Twingo						
Clio u. Clio 2						
Megane						
Laguna	K4M, N7Q, F4P, F3P, F3R, F9Q, G8T Turbo					
Laguna	F3p GPL, Z7X, L7X, G8T Saugdiesel					
Safrane	J7R, J7T, J8S, Z7X, S8U					
Safrane	N7Q, N7U, G8T Turbo					
Espace JEOX	(F3R-Z7X-L7X)					
	(G8T)					
Espace J63X	alle Typen					
Rapid	alle Typen					
Kangoo	alle Typen					
Master						
Rover						
214 (RF) 8–16 V						
214 (RF) 8–16 V						
216 (RF) 16 V						
216 (RF)16 V						
220 (RF)	63 kW Diesel					
414/416 (RT) 16 V						
414/416 (RT) 16 V						
416 (RT)	Auto Honda					
420 (RT) 100 kW	T-Serie					

Niederdruck-sicherheitsschalter AUS [bar]	*Niederdruck-sicherheitsschalter EIN [bar]*	*Vereisungs-schutz-schalter AUS °C*	*Kältemittel-füllmenge [g]*	*Ölfüll-menge [cm³]*	*Ölsorte*	*Bemerkungen*
8	9	12	13	14	15	16
			650 ± 35			
			660 ± 35			
			750 ± 25			Kompressor
			700 ± 30		SP10	Sanden SD 7 H 15 Sanden SD 7 V 16
			780 ± 30		ELF RIMA100	Sanden SD 709/SD 5
			850 ± 35			
			780 ± 30		PLANET ELF PAG 488	Delphi HTS V5
			880 ± 30			
			700 ± 30			
			1250 ± 25			
			680 ± 35			
			650 ± 35			
			850 ± 30			
			640 ± 25	135	SP10	Typ Rover Valeo
			750 ± 25			Typ DIAVIA
			750 ± 25			Typ DIAVIA
			640 ± 25	135	SP10	Typ Rover Valeo
			640 ± 25	135	SP10	Typ Rover Valeo
			650 ± 50	135	SP10	Typ Rover Valeo
			800 ± 25			Typ DIAVIA
			650 ± 50			
			650±50			

Tabelle 7.3 Fortsetzung 6

Fahrzeughersteller **Fahrzeugtyp** **Modell**	*Werks-bezeichnung* *Herstellungs-datum* *Motor*	*Saugdruck bei 20 °C Außen-temperatur* *[bar]*	*Konden-sationsdruck bei 20 °C Außen-temperatur* *[bar]*	*Kaltluft-austritt* *[°C]*	*Hochdruck-sicherheitsschalter* *AUS* *[bar]*	 *EIN* *[bar]*
1	2	3	4	5	6	7
noch **Rover**						
420 (RT)	63 kW Diesel					
420 (RT)	77 kW Diesel					
420 (RT)	77 kW Diesel					
618 (RH)						
620 (RH)	Motor Honda					
620 (RH)	Diesel					
620 (RH)	Diesel					
827 (RS)	24 V Honda					
MGF						
Landrover						
Freelander	1.8 (LN) 16 V					
Freelander	1.8 (LN) 16 V					
Freelander 2.0(LN)	Diesel					
Freelander 2.0(LN)	Diesel					
Defender	300 TDI (LD)					
Defender	300 TDI (LD)					
Discovery 300 TDI	(LJ) v/ink.h					
Dicovery V8	(LJ)					
Range Rover (LH)	Classic					
New Range Rover	(LP) 4.0/4.6l					
New Range Rover	(LP) Diesel					

Niederdruck-sicherheitsschalter		*Vereisungs-schutz-schalter*	*Kältemittel-füllmenge*	*Ölfüll-menge*	*Ölsorte*	*Bemerkungen*
AUS	*EIN*	*AUS*				
[bar]	*[bar]*	*°C*	*[g]*	*[cm³]*		
8	9	12	13	14	15	16
			750 ± 50			Typ DIAVIA
			750 ± 50			Typ DIAVIA
			640 ± 25	135	SP10	Typ Rover Valeo
						Honda
			800 ± 25			Typ DIAVIA
			800 ± 25			Typ DIAVIA
				135	SK20	Typ Rover Valeo
			650 ± 25			
			620 ± 25			Typ Rover Valeo
			850 ± 25			Typ DIAVIA
			725 ± 25	150	ND8	Typ VALEO
			850 ± 25			Typ DIAVIA
			725 ± 25	150	ND8	Typ VALEO
						Typ DIAVIA
						Typ VALEO
			900 ± 50 / 1150 ± 50	180	ND8	
			900 ± 50/ 1150 ± 50	180	ND8	
			900 ± 50 / 1150 ± 50	180	ND8	
			1250 ± 50	150	SP10	Typ VALEO
			1100 ± 50	140	SP8	Typ VALEO

Tabelle 7.3 Fortsetzung 7

Fahrzeughersteller **Fahrzeugtyp** **Modell**	*Werks-bezeichnung* *Herstellungs-datum* *Motor*	*Saugdruck bei 20 °C Außen-temperatur* *[bar]*	*Konden-sationsdruck bei 20 °C Außen-temperatur* *[bar]*	*Kaltluft-austritt* *[°C]*	*Hochdruck-sicherheitsschalter* *AUS* *[bar]*	 *EIN* *[bar]*
1	2	3	4	5	6	7
Subaru						
Impreza					27,46 ± 0,98	
Forester	Linkslenker				29,42 ± 0,98	
	Rechtslenker				26,48 ± 1,96	
Legacy	1996				29,4 ± 1,96	5,88 ± 1,96
	1997				29,4 ± 1,96	5,88 ± 1,96
Volkswagen						
Transporter	ab 05.92 ab 05.92 ab 05.93					
Golf, Vento	ab 07.92 ab 06.95					
Passat	ab 07.92					
	ab 10.96					
Rechtslenker	ab 10.96					
Corrado	ab 07.92					
Polo	ab 10.94					
Caddy, Polo Classic	ab 11.95					
Sharan	ab 06.95 ab 01.96					
LT	ab 01.97					

Niederdruck-sicherheitsschalter		*Vereisungs-schutz-schalter AUS*	*Kältemittel-füllmenge*	*Ölfüll-menge*	*Ölsorte*	*Bemerkungen*
AUS	*EIN*					
[bar]	*[bar]*	*°C*	*[g]*	*[cm³]*		
8	9	12	13	14	15	16
76 ± 0,29	1,86 + 0,39–0,25	3,0 ± 0,5	600 ± 50	min. 145	DH-PR	Flügelzellenverdichter CR-14
76 ± 0,29	1,86 + 0,39–0,25	3,0 ± 0,3	600 ± 50	min. 145	DH-PR	Flügelzellenverdichter CR-14
77 ± 0,25	1,86 ± 0,29	1,05 ± 0,5	700 ± 50	245	ZXL200PG	Flügelzellenverdichter DKV-11D
77 ± 0,2	1,86 ± 0,29	3,0 ± 0,5	650 ± 50	min. 145	ZLX200PG	Flügelzellenverdichter CR-14
77 ± 0,2	1,86 ± 0,29	3,0 ± 0,5	600 ± 50	min. 145	ZLX200PG	Flügelzellenverdichter DKV-14D
			950 + 50 1350 + 50 1400 + 50	135 240	PAG-Öl nach Ersatzteil-Nr. und Kompressor-typ	1 Verdampfer 2 Verdampfer Fahrzeug mit langem Radstand
			800 + 50	115 296		Kompressor: Harrison Kompressor: Sanden
			1150 + 50	115		
			650 + 50	250		
			700 + 50			
			850 + 50	115		
			700 + 50	100		
			850 + 30	115		
			950 + 50 1350 + 50	135 240		1 Verdampfer 2 Verdampfer
			750 + 50	135 175		Kompressor: Sanden Kompressor: Denso

7.7 Schema der elektrotechnischen Schaltung

Die Steuerung der Klimaanlage ist stark fahrzeugspezifisch. Insbesondere die Überwachung des Luftzustandes und die automatische Einhaltung von Zustandsgrößen ist unterschiedlich komfortabel gestaltet. Deshalb soll an dieser Stelle nur ein Signalflußplan angegeben werden, der die allgemeinen Zusammenhänge bei der Steuerung des Kältekreislaufs widerspiegelt. Bei der Fehlersuche kann er eine Orientierungshilfe sein. Im konkreten Fall ist der Schaltplan heranzuziehen.

Die elektrisch betriebenen Baugruppen sind die Kompressorkupplung, ein oder mehrere Kondensatorgebläse, die gleichzeitig der Motorkühlung dienen und der Motor des Lüftungsgebläses. Der Signalfluß geht aus Bild 7.6 hervor.

Bei eingeschalteter Zündung zieht das Relais der Klimaanlage an, so daß sowohl das Lüftungsgebläse als auch die Klimaanlage betrieben werden können.

Wird die Klimaanlage eingeschaltet, müssen der Thermostat, der 2-Funktionen-Schalter und der Kühlmitteltemperaturfühler geschlossen sein, damit die Kompressorkupplung anzieht. Der Thermostat schützt den Verdampfer vor Vereisung, indem er bei Temperaturen unter dem Gefrierpunkt des Wassers den Kompressor abschaltet.

Der 2-Funktionen-Schalter ist geschlossen, wenn der Druck im Hochdruckteil der Anlage über einem Mindestwert und unter einem Höchstwert liegt. Wird die Höchsttemperatur des Motorkühlmittels in Extremsituationen überschritten, der Motor dadurch thermisch gefährdet, wird die Klimaanlage durch den Thermoschalter abgeschaltet. Damit steht die gesamte Gebläseleistung zur Motorkühlung zur Verfügung.

Das Motorsteuergerät bewirkt beim Betrieb der Klimaanlage ein Anheben der Leerlaufdrehzahl, so daß die Kompressorleistung erzeugt werden kann.

Durch die Drucküberwachung der Hochdruckseite werden die Kühler- und Kondensatorgebläse gegebenenfalls stufenweise zugeschaltet. Sie werden gleichzeitig durch den Temperaturwächter des Motorkühlkreislaufs gesteuert.

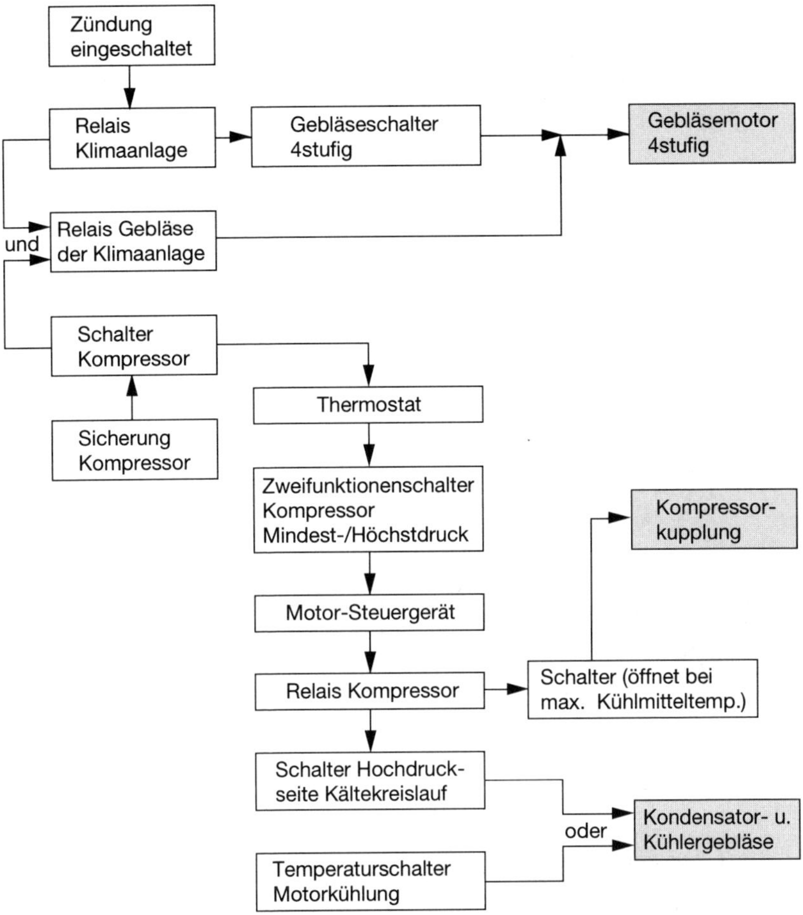

Bild 7.6
Signalfluß im elektrotechnischen Teil der Klimaanlage

Ein vereinfachtes elektrisches Schema unter Verwendung eines 3-Funktionen-Schalters für die Drucküberwachung des Hochdruckteils ist in Bild 7.7 dargestellt. Die Anschlüsse 1 und 2 reagieren auf Mindest- und Höchstdruck, die Anschlüsse 3 und 4 auf den Einschaltdruck des Kondensatorgebläses.

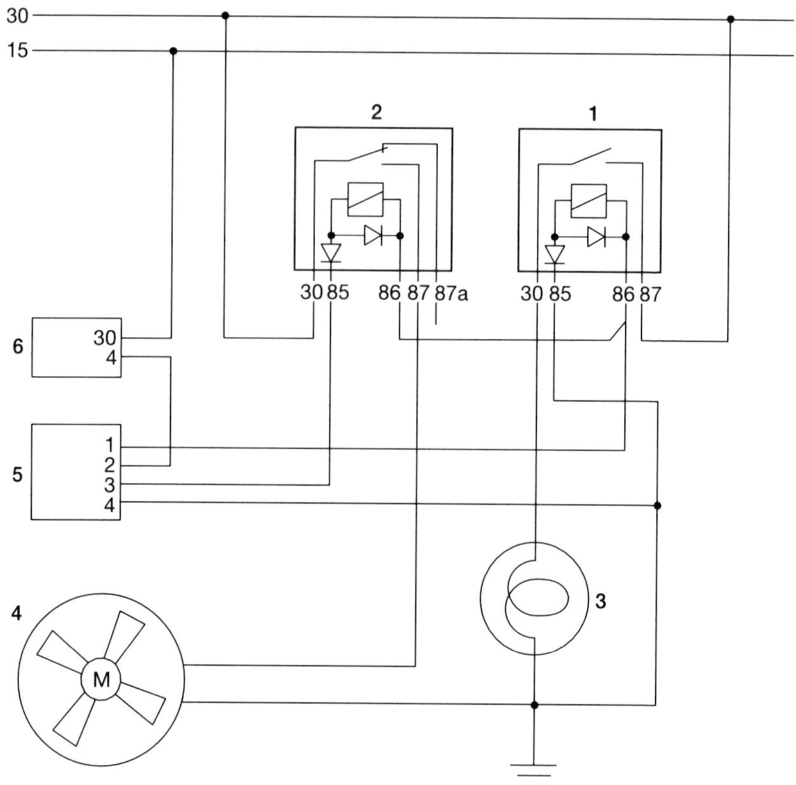

Bild 7.7
Elektrisches Schema
1 Relais, Kompressor
2 Relais, Gebläse
3 Kompressorkupplung
4 Gebläse
5 3-Funktionen-Schalter
6 Thermostat

8 Arbeitsvorschriften für Kfz-Klimaanlagen

Vom Kältemittelkreislauf gehen aufgrund der physikalischen Vorgänge Gefährdungen aus, von denen einige bereits erwähnt wurden. Hier werden sie wegen der Wichtigkeit des Themas noch einmal zusammenhängend und umfassend dargestellt. Entsprechend den Gefährdungen existieren Regeln, Verbote und Verordnungen, deren Kenntnis der Gesetzgeber als Sachkunde fordert. Sachkunde ist Voraussetzung für die Durchführung von Wartungs-, Inspektions- und Reparaturarbeiten am Kältemittelkreislauf.

Kältemittel stehen in der Anlage und bei der Befüllung unter erhöhtem Druck. Deshalb ist die Druckbehälterverordnung einzuhalten. Der Umgang mit den Kältemitteln unterliegt den Technischen Regeln Druckgase. Zur Vermeidung der Gefahren, die von den Fluorchlorkohlenwasserstoffen ausgehen, hat der Gesetzgeber die FCKW-Halon-Verbotsverordnung erlassen. Bei Wartungs- und Reparaturarbeiten werden Betriebsstoffe erneuert. Den Umgang mit den Altstoffen regeln weitere Vorschriften für den Transport und den Nachweis ihres Verbleibs. In Bild 8.1 ist ein Überblick der zu beachtenden Bestimmungen angegeben.

8.1 Druckbehälterverordnung

Die neue Druckbehälterverordnung ist ein aus 4 Bänden bestehendes Vorschriftenwerk, das in 16 Teile gegliedert ist. Im engeren Sinne gilt Teil 5 als Druckbehälterverordnung. Aus diesem umfangreichen Regelwerk ist für die Wartung und Instandsetzung des Kältemittelkreislaufs von Kfz-Klimaanlagen sowie der dafür erforderlichen Geräte nur eine begrenzte Vorschriftenmenge zu berücksichtigen. Auf sie wird im folgenden eingegangen, um der Werkstatt Hinweise für ein korrektes Verhalten hinsichtlich Arbeitssicherheit und Umweltschutz zu geben.

Die Vorschriften betreffen im wesentlichen die Prüfung der Anlagen vor der Inbetriebnahme, die wiederholte Prüfung während ihrer Nutzungszeit und die erforderliche Qualifikation des Prüfers.

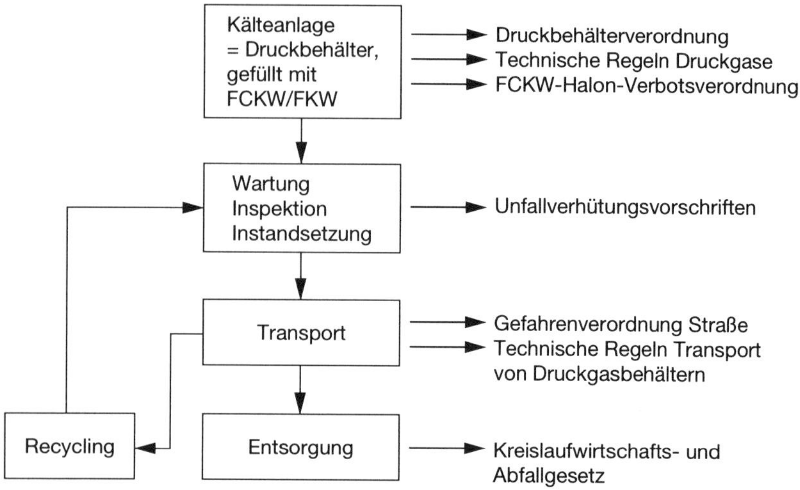

Bild 8.1
Überblick der Vorschriften

8.1.1 Einteilung der technischen Mittel in Druckbehälter, Druckgasbehälter und Füllanlagen

Druckgasbehälter weisen folgende Merkmale auf:

- sie sind ortsbewegliche Behälter,
- sie werden zur Entnahme von Druckgasen an einen anderen Ort gebracht,
- sie besitzen bei 15 °C Umgebungstemperatur einen Innendruck von mehr als 1 bar,
- Einrichtungen, die die Sicherheit beeinflussen können, gehören zum Druckgasbehälter.

Schlußfolgerung

Zu den Druckgasbehältern sind im betrachteten Zusammenhang zu rechnen:

- Kältemittelflaschen, aus denen die Befüllung der Anlage erfolgt und
- Kältemittelflaschen, in denen das aus der Anlage abgesaugte Gemisch aus Kältemittel und Kompressoröl zur Abgabe an das Entsorgungsunternehmen gesammelt wird.

Im Vergleich mit den Druckgasbehältern sind *Druckbehälter:*

- alle Behälter oder Rohranordnungen, die keine Druckgasbehälter sind,
- die einen Betriebsüberdruck von mehr als 0,1 bar aufweisen,
- die einen Betriebsüberdruck von mehr als 0,01 bar aufweisen, sofern es sich um Behälter für tiefkalte, flüssige Gase handelt.

Keine Druckbehälter sind Rohrleitungen und Rohrleitungserweiterungen, die der Fortleitung des Fördergutes dienen, sowie Anlagen, Geräte und Einrichtungen einschließlich Armaturen, die unter Betriebsdruck meß-, regel-, strömungstechnische und strömungsunterbrechende Funktionen ausführen.

Schlußfolgerung

Der Kältemittelkreislauf der Kfz-Klimaanlage bzw. die darin verbauten Aggregate sind Druckbehälter.

Nach § 8 (1)1 werden die Druckbehälter in Prüfgruppen eingeteilt. Nach der Prüfgruppe richtet sich der Umfang der Prüfungen. Einteilungskriterien sind:

- der Betriebsüberduck p, gemessen in bar
- der Rauminhalt l des Druckraums, gemessen in Litern
- das Druckinhaltsprodukt $p \cdot l$
- die Art der Druckausübung.

Eine Auswertung von § 8 vermittelt Tabelle 8.1.

Tabelle 8.1 Prüfgruppen der Druckbehälter

Druckausübung durch ❑ Gase oder Dämpfe ❑ Flüssigkeiten oder Feststoffe mit Gas- oder Dampfpolster ❑ Flüssigkeiten, deren Temperatur die Siedetemperatur bei Atmosphärendruck überschreitet		
Gruppe	Druckbehälter	Druckinhaltsprodukt
I	❑ für tiefkalte, flüssige Gase ❑ mit höchstens 25 bar zul. Betriebsüberdruck ❑ Rohranordnungen mit Rohren mit max. 100 cm^2 Fläche	❑ Betriebsüberdruck von 0,01...0,1 bar ❑ $p \cdot I < 200$ ❑ $p \cdot D \cdot 2000$ (D in mm)
II	❑ über 25 bar zul. Betriebsüberdruck ❑ mit nicht mehr als 1 bar zul. Betriebsüberdruck	❑ $p \cdot l < 200$ ❑ $p \cdot l < 200$
III	❑ mit mehr als 1 bar zul. Betriebsüberdruck	❑ $200 < p \cdot l < 1000$
IV	❑ mit mehr als 1 bar zul. Betriebsüberdruck	❑ $p \cdot l > 1000$
Druckausübung nur von Flüssigkeiten		
V	❑ mit nicht mehr als 500 bar zul. Betriebsüberdruck ❑ mit mehr als 500 bar zul. Betriebsüberdruck	❑ keine Beschränkungen ❑ $p \cdot l < 1000$
VI	❑ mit mehr als 500 bar zul. Betriebsüberdruck	❑ $1000 < p \cdot l < 10\,000$
VII	❑ mit mehr als 500 bar zul. Betriebsüberdruck	❑ $p \cdot l > 10\,000$

Schlußfolgerung
Die Druckbehälter in Kfz-Klimaanlagen sind aufgrund des Betriebsüberdruckes und des relativ geringen Rauminhaltes in die Gruppe II einzuordnen. Die Einordnung wird vom Hersteller bereits bei der Entwicklung der Anlage vorgenommen.
Füllanlagen dienen:

- zum Befüllen von Druckgasbehältern zur Abgabe an andere oder
- zum Befüllen von Behältern aus anderen Druckgasbehältern.

Schlußfolgerung
Wartungs- und Recyclinggeräte sind Füllanlagen. Diesbezügliche Vorschriften der Druckbehälterverordnung sind einzuhalten.
Die Druckbehälterverordnung definiert:

- *Druckgase* sind Stoffe, deren kritische Temperatur unter 50 °C liegt oder deren Dampfdruck bei 50 °C mehr als 3 bar beträgt.
- Die kritische Temperatur von R134a liegt bei 101 °C. Der Dampfdruck bei 50 °C beträgt etwa 13 bar. Der Dampfdruck von R12 ist bei 50 °C etwa 12 bar (Bild 7.4).

Schlußfolgerung
Demzufolge gelten für beide Kältemittel die diesbezüglichen Bestimmungen der Verordnung.

8.1.2 Prüfungen

Unterschieden werden

- Prüfungen vor Inbetriebnahme,
- wiederkehrende Prüfungen und
- Prüfungen besonderer Druckbehälter sowie
- Prüfungen in besonderen Fällen.

Prüfungen vor der Inbetriebnahme umfassen

- die erstmalige Prüfung, sie enthält:
  - die rechnerische Vorprüfung,
  - die Bauprüfung,
  - die Druckprüfung,

- die Abnahmeprüfung, sie enthält:
  - die Ordnungsprüfung,
  - die Prüfung der Sicherheitsausrüstung,
  - die Prüfung der Aufstellung.

Wiederkehrende Prüfungen bestehen aus

- innerer Prüfung,
- Druckprüfung und
- äußerer Prüfung.

Sie sind innerhalb von Fristen vorzunehmen, die in der Druckbehälterverordnung festgelegt sind oder durch die Aufsichtsbehörde bestimmt werden.

Bei inneren und äußeren Prüfungen wird der Behälter auf Korrosion und eventuell vorhandene Risse überprüft. Die Druckprüfung ist eine Prüfung auf Dichtheit, die bei einem Druck erfolgt, der nicht größer als der Betriebsüberdruck ist.

Im Anhang II zum § 12 der DruckbehV werden unter der Nr. 14 Druckbehälter in Kälteanlagen und Wärmepumpen als *besondere Druckbehälter* genannt. Es ist festgelegt:

«Für Druckbehälter, die mit Kältemitteln in geschlossenem Kreislauf betrieben werden, können die wiederkehrenden Prüfungen entfallen. Wird jedoch ein solcher Druckbehälter zu Instandsetzungsarbeiten außer Betrieb genommen, müssen innere Prüfung und Druckprüfung durchgeführt werden.»

Eine *Prüfung im besonderen Fall* ist vorgeschrieben vor der Wiederinbetriebnahme eines Druckbehälters, der wesentlich instandgesetzt oder an dem wesentliche Teile ausgewechselt wurden. Bei Druckbehältern der Gruppe II ist der ordnungsgemäße Zustand durch den Sachkundigen zu prüfen und eine Prüfbescheinigung zu erteilen.

8.1.3 Prüfungsberechtigte Personen, Nachweise

Die Durchführung der Prüfungen obliegt in der jeweiligen Prüfgruppe Sachverständigen bzw. Sachkundigen. In den §§ 31 und 32 der DruckbehV sind die von beiden zu erfüllenden Voraussetzungen aufgeführt.

Sachverständige werden durch die Gewerbeordnung festgelegt, von zuständigen Behörden zugelassen, anerkannt oder bestimmt, für besondere Bereiche (Bundesbahn, Wasser- und Schiffahrtsverwaltung, Bundeswehr, Bundesgrenzschutz) durch den zuständigen Bundesminister bestimmt. Als Sachverständige gelten auch die Prüfstellen in den EG-Staaten, in denen ein eingeführter Behälter hergestellt wurde.

Nach § 32 DruckbehV ist *Sachkundiger* für eine Prüfung «... nur, wer

1. aufgrund seiner Ausbildung, seiner Kenntnisse und seiner durch praktische Tätigkeit gewonnenen Erfahrungen die Gewähr dafür bietet, daß er die Prüfung ordnungsgemäß durchführt,
2. die erforderliche persönliche Zuverlässigkeit besitzt,
3. hinsichtlich der Prüftätigkeit keinen Weisungen unterliegt,
4. falls erforderlich, über geeignete Prüfeinrichtungen verfügt und
5. durch die Bescheinigung über die erfolgreiche Teilnahme an einem staatlichen oder staatlich anerkannten Lehrgang nachweist, daß er die in Nummer 1 genannten Voraussetzungen erfüllt. Die Bescheinigung ist der zuständigen Behörde auf Verlangen vorzulegen.

Die Sachkunde ist der zuständigen Behörde auf Verlangen nachzuweisen.

Tabelle 8.2 zeigt die Prüfungen, die in den einzelnen Prüfgruppen vorgeschrieben sind und weist den erforderlichen Prüfer aus.

Tabelle 8.2 Durchführung von Prüfungen durch Prüfer

Gruppe	**Sachverständiger nach § 31 DruckbehV**		**Sachkundiger nach § 32 DruckbehV**	
	erstmalige Prüfung Abnahme-prüfung	*wiederkehrende Prüfung*	*erstmalige Prüfung Abnahme-prüfung*	*wiederkehrende Prüfung*
I			⊗	⊗
II			⊗	⊗
III	⊗			⊗
IV	⊗	⊗		
V				
VI	⊗			⊗
VII	⊗	⊗		

Jede Prüfung wird durch eine Bescheinigung des Prüfers, die in einer Prüfakte (Prüfbuch) abgelegt wird, nachweisbar. Die erstmalige Prüfung wird durch Anbringen eines Prüfzeichens auf dem Behälter zusätzlich nachgewiesen. Inhalt der Prüfakte sind:

- die Bescheinigung der erstmaligen Prüfung,
- die Bescheinigung der Abnahmeprüfung mit den zugehörigen Unterlagen (Zeichnungen, Bescheinigungen über Werkstoffe und Wärmebehandlungen),
- Bescheinigung und Befunde wiederkehrender Prüfungen,
- gegebenenfalls Bescheinigung und Befunde außerordentlicher Prüfungen.

Durch eine Baumusterprüfung kann der Prüfungsaufwand bei serienmäßigen Anlagen beträchtlich reduziert werden. Es muß dann lediglich bescheinigt werden, daß der Druckbehälter mit dem geprüften Baumuster übereinstimmt und einer Druckprobe unterzogen wurde, in deren Ergebnis er den insoweit zu stellenden Anforderungen entspricht.

8.1.4 Füllanlagen – Technische Regeln für Druckgase

Füllanlagen sind nach den Technischen Regeln Druckgasbehälter, TRG 400, Anlagen zum Füllen ortsbeweglicher Druckgasbehälter. Sie bestehen aus der Betriebsstätte und ihren Einrichtungen. Unter der Betriebsstätte werden Räumlichkeiten oder Grundstücksflächen, unter der Einrichtung die technische und sicherheitstechnische Ausrüstung verstanden.

Dem Sprachgebrauch des Gesetzgebers folgend, werden Füllanlagen errichtet und betrieben. Hinsichtlich des Errichtens von Füllanlagen wird in der TRG 401 u.a. festgelegt:

- Erlaubnispflichtig sind Füllanlagen, in denen Druckgase in ortsbewegliche Druckgasbehälter zur Abgabe an andere abgefüllt werden (§ 17 Abs. 1 DruckgasV).
- Nichterlaubnispflichtig sind Füllanlagen, in denen Druckgase in ortsbewegliche Druckgasbehälter zur ausschließlichen Verwendung im eigenen Unternehmen gefüllt werden.

Betriebsstätten in Gebäuden (Füllräume) müssen unter anderem folgende Anforderungen erfüllen:

- Fußböden der Füllräume müssen fest und eben sein.
- Füllräume müssen so gelegen oder belüftet sein, daß sich in ihnen Gas-Luft-Gemische betriebsmäßig in gefahrdrohender Menge nicht bilden können. Bei Druckgasen, die schwerer als Luft sind, müssen die Abluftöffnungen in Bodenhöhe liegen.
- Füllräume sollen nicht über Räumen liegen, die zum dauerhaften Aufenthalt von Personen bestimmt sind.

An die Beschaffenheit der Einrichtungen werden unter anderem folgende Forderungen gestellt:

- Ihre Teile müssen unter Betriebsbedingungen den zu erwartenden mechanischen, chemischen und thermischen Beanspruchungen genügen.
- Einrichtungsteile müssen bis zum höchsten betriebsmäßig auftretenden Druck dicht sein.
- Bewegliche Leitungen (Schläuche, Gelenkrohre) müssen bis zum 1,5-fachen des höchsten Betriebsdruckes dicht sein.
- Fülleitungen müssen gefahrlos entspannt werden können.
- Werden als Absperrorgane Spindelventile eingesetzt, müssen die Spindeln gegen Herausdrehen gesichert sein.
- Waagen, die der Kontrolle gefüllter Behälter auf höchstzulässiges Füllgewicht dienen (Kontrollwaagen) müssen geeicht sein.

Hinsichtlich des Betreibens von Füllanlagen wird in der TRG 402 u.a. festgelegt:

- Füllanlagen dürfen nur von Personen bedient und gewartet werden, die
  1. das 18. Lebensjahr vollendet haben,
  2. die erforderliche Sachkunde besitzen,
  3. erwarten lassen, daß sie ihre Aufgaben zuverlässig erfüllen.
- Die Beschäftigten sind vor Aufnahme ihrer Tätigkeit und wiederkehrend, in angemessenen Zeitabständen, mindestens jedoch jährlich, zu unterweisen in bezug auf
  1. die besonderen Gefahren beim Umgang mit Druckgasen,
  2. die Sicherheitsvorschriften, insbesondere die TRG 402,

3. die Maßnahmen bei Störungen, Schadensfällen und Unfällen,

4. die Handhabung der Feuerlöscheinrichtungen und der Schutzausrüstungen,

5. die Bedienung und Wartung der Füllanlage, und zwar unter Zugrundelegung der Bedienungsanweisung.

- Über die Unterweisung ist Buch zu führen. Die Beschäftigten haben die Unterweisung durch ihre Unterschrift zu bestätigen. Auch Personen, die nur vorübergehend beschäftigt werden, sind nachweislich zu unterweisen. Beschäftigte müssen während des Füllens die erforderliche persönliche Schutzausrüstung anlegen.
- Für jede Füllanlage muß eine Bedienungsanweisung vorhanden sein, die in verständlicher Form alle sicherheitstechnisch notwendigen Angaben enthält. Abdrucke und erforderlichenfalls Übersetzungen müssen den Beschäftigten jederzeit zugänglich sein.
- Besonders gefährliche Arbeiten (z.B. im Zusammenhang mit Instandsetzungsarbeiten), die nicht in der Bedienungsanleitung geregelt werden können, dürfen nur auf besondere und schriftliche Anweisung des Unternehmers oder seines Beauftragten, in der auch die Aufsichtsführung geregelt ist, ausgeführt werden.
- Obwohl in den TRG 402 das Rauchen und der Umgang mit offenem Feuer oder Licht nur für Räume, Sicherheitsbereiche und Schutzzonen verboten wird, soweit es sich um Anlagen für brennbare Gase handelt, sollte es auch auf Anlagen für Kältemittel ausgedehnt werden.
- Können bei abgesperrten Abschnitten einer Füllanlage Druckgase so eingeschlossen werden, daß durch Wärmeeinwirkung ein gefährlicher Druck entsteht, so ist unmittelbar nach dem Absperren für eine Entspannung zu sorgen, sofern nicht Einrichtungen gegen das Auftreten gefährlichen Druckes vorhanden sind.
- An Betriebsstätten dürfen leere Behälter zum alsbaldigen Füllen und gefüllte Behälter zum alsbaldigen Abtransport bereitgestellt werden. Leere oder gefüllte Behälter sind so bereitzustellen, daß Fluchtwege nicht eingeengt werden, insbesondere ist die Bereitstellung in Durchfahrten, Durchgängen und Treppenräumen unzulässig.
- Behälter für Druckgas, insbesondere für Druckgas im flüssigen Zustand, dürfen nur so angewärmt werden, daß unzulässig hohe Temperaturen und damit gefährliche Drücke nicht entstehen; während des Erwärmens ist die Temperatur (z.B. des Wasserbades) oder der Druck im Behälter zu überwachen.

- Vereisungen an Behältern und Einrichtungsteilen dürfen nicht mit Feuer oder glühenden Gegenständen und im übrigen nur so beseitigt werden, daß eine gefährliche Erwärmung nicht auftritt; bei brennbaren Gasen muß die Zündung sicher vermieden werden.
- Ein Druckgasbehälter darf mit Druckgas nur gefüllt werden,
  1. wenn er mit der Jahresangabe der nächsten Prüfung (d.i. der amtliche Prüfstempel des Sachverständigen) versehen ist;
  2. wenn das auf dem Behälter angegebene Datum (Monat/Jahr) noch nicht verstrichen ist;
  3. wenn er einschließlich seiner Ausrüstung keine Mängel aufweist, durch die Beschäftigte oder Dritte gefährdet werden können.
- Sind Ausrüstungsteile des Druckgasbehälters, die dessen Sicherheit beeinflussen, nicht mit dem Prüfzeichen und dem Prüfdatum des Sachverständigen versehen, so darf der Behälter nur gefüllt werden, wenn diese Ausrüstungsteile der Bauart nach zugelassen sind.
- Wird vor dem Füllen festgestellt, daß sich in einem Behälter Fremdstoffe (z.B. Flüssigkeit, Reste anderer als auf dem Behälter angegebenen Druckgase) befinden, so darf der Behälter nur gefüllt werden, wenn die Fremdstoffe entfernt worden sind.
- Ein Druckgasbehälter darf nur mit dem Druckgas gefüllt werden, das auf ihm angegeben ist, und nur in der Menge, die sich aus den Angaben auf dem Behälter über Druck, Gewicht oder Volumen ergibt.
- Druckgasbehälter, bei denen der höchstzulässige Überdruck der Füllung bei 15 °C in bar angegeben ist, müssen nach Druck (manometrisch) gefüllt werden. Liegt beim Füllen eine von 15 °C abweichende Temperatur vor, so ist der Druck, der der abweichenden Temperatur entspricht, durch das Füllwerk zu bestimmen. Es muß sichergestellt sein, daß im Druckgasbehälter der zulässige Überdruck der Füllung bei 15 °C nicht überschritten wird. Zur Feststellung einer etwaigen Überfüllung sind die gefüllten Behälter stichprobenweise durch Druckmessung zu kontrollieren.
- Druckgasbehälter, auf denen die höchstzulässige Füllmenge durch das Nettogewicht (Füllgewicht, zulässiges Gewicht der Füllung) in kg angegeben ist, müssen nach Gewicht (gravimetrisch) gefüllt werden. Die Behälter sind während des Füllens zu wiegen und zur Feststellung einer etwaigen Überfüllung einer anschließenden Kontrollwägung auf einer besonderen Waage zu unterziehen. Waagen für die Kontrollwägung müssen geeicht sein.

- Füll- und Kontrollmessungen dürfen nicht von derselben Person ausgeführt werden. Kontrollmessungen müssen unmittelbar nach Beendigung des Füllvorgangs durchgeführt werden.
- Überfüllte Behälter sind unverzüglich bis auf die zugelassene Füllmenge gefahrlos zu entleeren. Im Anschluß daran ist die eingefüllte Druckgasmenge erneut zu bestimmen.
- Nach dem Füllen (nur unbrennbare und nicht hochgiftige Gase) sind die Absperreinrichtungen und deren Verbindung mit den Behältern in geeigneter Weise, z.B. mit einem schaumbildenden Medium oder unter Wasser (Prüfglocke oder Tauchen) auf innere Dichtheit, sowie die Dichtheit der Sicherheitseinrichtung gegen Drucküberschreitung zu prüfen.
- Werden an einem Druckgasbehälter bei Dichtheitsprüfungen oder Sichtprüfungen Undichtheiten festgestellt, die nicht sofort beseitigt werden können, oder weist der gefüllte Druckgasbehälter sonstige Mängel auf, durch die Beschäftigte oder Dritte gefährdet werden können, so ist der Behälter unverzüglich und gefahrlos zu entleeren.
- Für eventuell notwendige volumetrische Füllung von Druckgasbehältern (Handwerkerflaschen) und das Füllen von Fahrzeugbehältern sehen die TRG 402 weitere Vorschriften vor.

Zur Durchführung von Wartungs- und Instandsetzungsarbeiten am Kältemittelkreislauf von Kfz-Klimaanlagen wird in jedem Fall eine Füllanlage benötigt. Werkstattausstatter handeln sie unter den Bezeichnungen Absaug-, Entsorgungs-, Aufarbeitungs-, Service- oder Recyclinggerät. Da die Werkstatt, auch bei noch so guter Aufarbeitung abgesaugten Kältemittels, irgendwann gezwungen sein wird, Kältemittel bzw. Kältemittel-/Kältemaschinenöl-Gemisch in Druckgasflaschen an einen «Anerkannten Fachbetrieb» für Kältemittelentsorgung abzugeben, ergibt sich die Notwendigkeit, eine erlaubnispflichtige Füllanlage zu betreiben.

Bei ihrer Beschaffung sollte unbedingt darauf geachtet werden, daß eine Prüfung gemäß Druckbehälterverordnung beim Hersteller stattgefunden hat und die entsprechenden Prüfunterlagen mitgeliefert werden.

Die Erlaubnis zum Betreiben der Anlage ist beim Staatlichen Gewerbeaufsichtsamt schriftlich zu beantragen. Bei vorliegenden Prüfunterlagen des Herstellers kann sich der Umfang der Prüfung durch den Sachverständigen dann auf eine einmalige Ordnungsprüfung vor der Inbetriebnahme reduzieren.

In den üblicherweise betriebenen Geräten ist ein Gasdruckbehälter fest installiert. Das darin abgefüllte Druckgas bleibt ausschließlich im eigenen Unternehmen. Diese Geräte sind deshalb nicht erlaubnispflichtig.

8.1.5 Betrieb von Füllanlagen

Im Interesse des sicheren Betriebs der Füllanlage und zum Schutz der Gesundheit der im Bereich von Füllanlagen tätigen Personen sind die folgenden Hinweise beachtenswert:

- Vor dem Anschluß der Füllanlage an den Kältemittelkreislauf der Klimaanlage ist sicherzustellen, daß die Handabsperrventile geschlossen sind.
- Vor dem Abkoppeln der Füllanlage vom Kältemittelkreislauf muß mit Sicherheit festgestellt werden, daß alle Prozesse abgeschlossen sind, so daß kein Kältemittel in die Atmosphäre gelangen kann.
- Nachdem das gereinigte Kältemittel aus der Füllanlage in eine externe Druckgasflasche gefüllt worden ist, sind die Handabsperrventile an der Flasche und an der Füllanlage zu schließen.
- Die unter Druck verflüssigten Kältemittel unterliegen der Druckbehälterverordnung. Danach dürfen sie nur in dafür zugelassene, gekennzeichnete und geprüfte Druckgasbehälter eingefüllt werden (Typenschild beachten).
- Kältemittelflaschen für reines Kältemittel und Recyclingflaschen für Kältemittel-Öl-Gemische dürfen nicht verwechselt werden. Bei der Befüllung von Recyclingflaschen ist der Füllfaktor von 0,75 kg/l zu berücksichtigen. Danach darf z.B. eine 11,0-l- Standardflasche nur mit 11,0 l · 0,75 kg/l = 8,25 kg Kältemittel-Öl-Gemisch befüllt werden.
- Die Füllanlage darf nicht in feuchter Umgebung betrieben oder in feuchten Räumen abgestellt werden.
- Kältemaschinenöl, das an der Füllanlage abgezapft wird, enthält Kältemittel. Um das Freisetzen des Kältemittels zu verhindern, ist es sofort nach der Mengenbestimmung in einen verschließbaren Behälter umzufüllen.
- Die Füllanlage ist nach den Herstellervorschriften am elektrischen Netz zu betreiben (Anschlußspannung, Leitungsquerschnitte).

8.2 FCKW-Halon-Verbotsverordnung

Zum Schutz der Ozonschicht vor Zerstörung wurde 1987 das «Montreal-Abkommen» verabschiedet, in dem sich 52 Staaten zur Einstellung der FCKW-Produktion verpflichtet haben. Zur Realisierung dieses Abkommens hat das Bundesministerium für Umwelt, Naturschutz und Reaktorsicherheit 1991 die FCKW-Halon-Verbotsverordnung erlassen. In ihr wird ein generelles Herstellungsverbot für bestimmte chlorierte Kohlenwasserstoffe, zu denen auch das Kältemittel R12 gehört, ausgesprochen. Die Verwendung von FCKW wird durch Termine stufenweise eingeschränkt. Für R12 wird als Ersatzkältemittel R134a angegeben und als Termin für die Umrüstung der 30. Juni 1998 festgelegt. Ausnahmen bilden steckerfertige Geräte mit dauerhaft geschlossenem Kreislauf und Kältemittelmengen unter 1 kg (z.B. Haushaltskühlschränke, nicht jedoch Kfz-Klimaanlagen).

Das Bundesministerium für Umwelt hat folgendermaßen präzisiert:

Für Pkw-Klimaanlagen mit dem Kältemittel R12 gilt:

- Das Kältemittel R12 darf bei Wartungsarbeiten nicht mehr nachgefüllt werden, wenn eine Umrüstung auf ein Ersatzkältemittel (R134a) möglich ist. Dies ist offensichtlich bei allen Fahrzeugen der Fall.
- Das Kältemittel muß in diesem Fall sofort gegen das Ersatzkältemittel ausgetauscht werden.
- Die Pkw-Klimaanlage darf weiter (auch über den 30.06.1998 hinaus) betrieben werden, solange kein Eingriff am Kältekreislauf erfolgt.

Das bedeutet:

- Der R12-Kältemittelkreislauf darf nicht mehr gewartet werden (kein Nachfüllen oder Recycling von Kältemittel).
- Wird in den Kältemittelkreislauf eingegriffen, muß R12 abgesaugt und die Anlage auf R134a umgestellt werden.

8.3 Entsorgung von Abfällen

Bei Wartungs- und Instandsetzungsarbeiten am Kältekreislauf der Kfz-Klimaanlage fallen als gefährliche Abfälle an: Kältemittel, Kältemaschinenöl, Kältemittel-Kältemaschinenölgemisch und gebrauchte Filter bzw. Trockner. Damit stellt sich die Frage nach ihrem Abtransport und der Entsorgung. Entsprechende Regelungen sieht das Kreislaufwirtschafts- und Abfallgesetz (KrW-AbfG) sowie die Gefahrgutverordnung Straße (GGVS) vor.

Die Gefahrgutverordnung Straße besteht aus:

- der Rahmenverordnung mit Vorschriften über
  - die Zulassung gefährlicher Güter zum Straßentransport,
  - die zuständigen Behörden und Sachverständigen,
  - die Beförderung besonders gefährlicher Güter,
  - die verantwortlichen Personen und
  - die Behandlung von Ordnungswidrigkeiten,
- den Anlagen A und B des ADR (Accord européen relatif an transport international des marchandises dangereuses par route – Europäisches Übereinkommen über die internationale Beförderung gefährlicher Güter)

Die Anlage A enthält Vorschriften über

- die gefährlichen Stoffe und Gegenstände,
- ihre Verpackung,
- Gefahrzettel und
- Beförderungspapiere.

Es wird eine Einteilung der gefährlichen Güter in 13 Klassen vorgenommen. Die Kältemittel werden als Gase in die Klasse 2 eingeordnet. Die Vorschriften zu den einzelnen Gefahrgütern sind nach Randnummern (Rn.) geordnet. Zu berücksichtigen sind die Allgemeinen Vorschriften (Rn. 2000 2099) und die Vorschriften der Klasse 2 (Rn. 2200...2299).

Die Anlage B enthält Vorschriften über

- die Beförderungsart (lose Schüttung, Container, Tanks),
- die Anforderungen an die Beförderungsmittel und ihre Ausrüstungen,

- den Betrieb der Fahrzeuge,
- ihre Be- und Entladung sowie
- Sonderregelungen für einzelne Gefährdungsklassen.

Der Fahrzeugführer muß bei der Beförderung gefährlicher Güter Begleitpapiere mitführen. Dazu gehört das Beförderungspapier, mit dem das transportierte Gefahrgut ausgewiesen werden kann. Es muß folgende Angaben enthalten:

- Adresse des Absenders,
- Adresse des Empfängers,
- Bezeichnung des gefährlichen Gutes,
- Art und Anzahl der Versandstücke,
- Gesamtmenge der gefährlichen Güter,

Erklärung über

- die Zulassung des gefährlichen Gutes zur Beförderung auf der Straße nach ADR,
- die Verpackung,
- die erlaubte Zusammenpackung mit anderen gefährlichen Gütern.

Die Bezeichnung des gefährlichen Gutes erfolgt nach GGVS/Anlage A des ADR durch folgende Angaben:

- Kennzeichnungsnummer entsprechend der Stoffaufzählung in Anlage A,
- Benennung,
- Klasse,
- Ziffer,
- Buchstabe,
- Abkürzung ADR.

Beispiele:	1028	Dichlordifluormethan (R12)	2	2	A	ADR
	3159	Tetrafluorethan (R134a)	2	2	A	ADR

Bei Abfällen muß die maßgebende gefährlichste Komponente genannt werden, z.B.
Filtertrockner, Abfall enthält 3159 Tetrafluorethan (R134a) 2 2 A ADR

Je nach der Gefahr, die von dem Transportgut ausgeht, werden Forderungen an die Beschaffenheit des Fahrzeugs gestellt. Für den Transport von Versandstücken mit Gasen, Klasse 2, Ziffer 2 (obige Beispiele) in gedeckten Fahrzeugen wird lediglich eine gute Belüftung gefordert.

Zum gewerbsmäßigen Transport von Kältemittelabfällen muß der Abfallbeförderer eine Genehmigung besitzen. Werden nur geringe Abfallmengen befördert, kann auf die Genehmigung verzichtet werden, sofern eine Beeinträchtigung des Wohls der Allgemeinheit nicht zu befürchten ist. Dazu sollte eine Freistellung von der Genehmigung zum Transport von Kältemitteln beantragt werden. Das ist auch den Kfz-Werkstätten zu empfehlen, die den Transport ihrer Kältemittelabfälle zum Entsorger bzw. Kältemittelhandel selber durchführen.

8.4 Verbleibnachweis von Abfällen und Kältemitteln

An der Entsorgung von Kältemittelabfällen sind beteiligt

- der Abfallerzeuger (die Kfz-Werkstatt, in der der Abfall anfällt),
- der Abfallbeförderer (zweckmäßig ein anerkanntes Entsorgungsunternehmen) und
- der Abfallbeseitiger.

Gebrauchte Kältemittel können durch den Hersteller wieder aufbereitet werden, vorausgesetzt sie werden sortenrein eingesammelt. Anderenfalls müssen sie in speziellen Anlagen verbrannt werden.

Die ordnungsgemäße Beseitigung des Abfalls wird mit Hilfe eines Nachweisbuches, das Abfallerzeuger, Abfallbeförderer und Abfallbeseitiger zu führen haben, dokumentiert. Die Landesbehörde kontrolliert diese Vorgänge mit Hilfe der Begleitscheine, die jeder Abfallpackung beizugeben sind. Sie werden in 6-facher Ausfertigung ausgeschrieben und entsprechend Bild 8.2 verteilt. Zur Erleichterung der Verfahrensweise sind die Durchschläge verschiedenfarbig gestaltet.

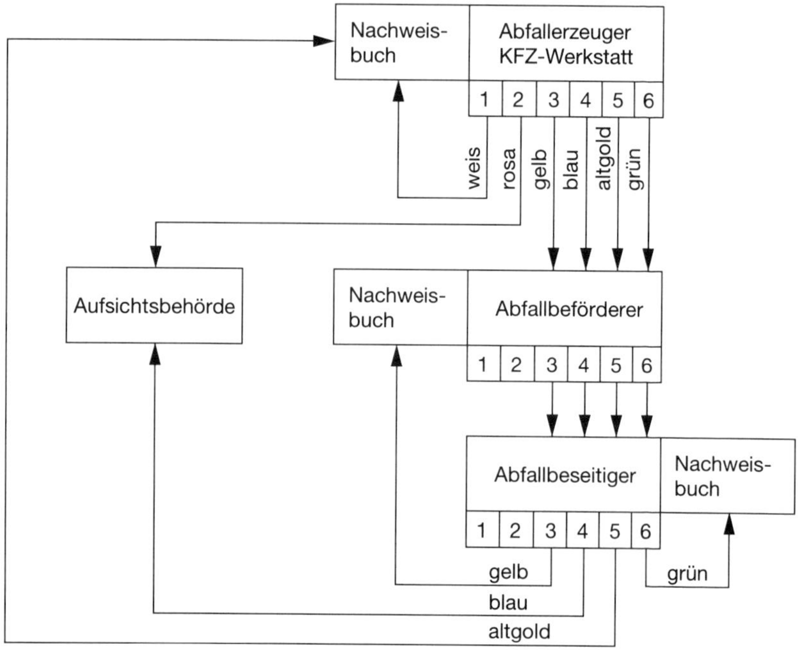

Bild 8.2
Verteilung der Begleitscheine

In Tabelle 8.3 ist der Verwendungszweck der Begleitscheine noch einmal verdeutlicht.

Auf dem Begleitschein sind folgende Angaben erforderlich:

- Abfallart,
- Abfallschlüsselnummern,
- Menge,
- Konsistenz des Abfalls (flüssig, seltener gasförmig),
- amtliches Kennzeichen des Fahrzeugs,
- Art des Fahrzeugs,
- Anschrift des Abfallerzeugers,
- Anschrift des Abfallbeförderers,
- Datum und Unterschrift des Abfallerzeugers und des Abfallbeförderers.

Tabelle 8.3 Verwendungszweck der Begleitscheine bei der Abfallentsorgung

Begleitschein-Ausfertigung	*Absender*	*Empfänger*	*Zweck*
1 (weiß)		Abfallerzeuger	Nachweis der Abfallabgabe
2 (rosa)	Abfallerzeuger	Aufsichtsbehörde	Nachweis der Abfallabgabe
3 (gelb)	Abfallbeförderer	Abfallbeseitiger	Bestätigung d. Abfallannahme
	Abfallbeseitiger	Abfallbeförderer	Nachweis der Abfallabgabe
4 (blau)	Abfallbeförderer	Abfallbeseitiger	
	Abfallbeseitiger	Aufsichtsbehörde	Nachweis der Abfallannahme
5 (altgold)	Abfallbeförderer	Abfallbeseitiger	
	Abfallbeseitiger	Abfallerzeuger	Nachweis der Abfallannahme
6 (grün)	Abfallbeförderer	Abfallbeseitiger	Nachweis der Abfallannahme

Die im Zusammenhang mit Klimaanlagen wichtigsten Abfallschlüsselnummern enthält Tabelle 8.4.

Tabelle 8.4 Abfallschlüsselnummern

Abfallart	**Abfallschlüsselnummer**
verbrauchte Filter und Aufsaugmassen mit schädlichen Verunreinigungen (Aktivkohle)	31 435
Kältemaschinenöl	54 114
FCKW-Kältemittel	55 205
Ethylenglycole	55 303

Die Werkstatt gibt im Zusammenhang mit der Wartung von Klimaanlagen nicht nur Abfälle ab, sondern sie verbraucht auch Kältemittel, mit dem die Füllung der Anlage des Kunden zumindest ergänzt wird. Der Verbrauch von Kältemitteln kann auf der Basis des Umweltstatistikgesetzes durch die Landesämter kontrolliert werden. Es ist deshalb empfehlenswert darüber einen Nachweis zu führen. Dazu kann das Nachweisblatt, das Tabelle 8.5 wiedergibt, verwendet werden.

Tabelle 8.5

Nachweisblatt: Einsatzmengen von Kältemitteln
– Wartung von Klimaanlagen –

Firma: ______________________ Gerätetyp: ______________________ Monat/Jahr: ______________________

______________________ Kältemittel: R12 ☐ R22 ☐ R134a ☐ sonstiges ☐ Bearbeiter: ______________________

	Datum	Kfz-Kennzeichen	Menge abgesaugt	Menge befüllt	Differenz	Bemerkung	Unterschrift
1							
2							
3							
4							
5							
6							
7							
8							
9							
10							
11							
12							
			Summe Verbrauch:			geprüft:	

8.5 Unfallverhütungsvorschriften

In der Unfallverhütungsvorschrift 13.7 «Kälteanlagen, Wärmepumpen und Kühleinrichtungen» (VBG 20) sind u.a. die Regeln für den Bau, den Betrieb und die Prüfung von Kälteanlagen, wie sie in Klimaanlagen von Kraftfahrzeugen verwendet werden, festgelegt.

8.5.1 Geltungsbereich

Zunächst wird der Geltungsbereich der Unfallverhütungsvorschrift u.a. für Kälteanlagen in Straßenfahrzeugen festgelegt. Kälteanlagen werden als Anlagen definiert, die unter Anwendung von Kältemitteln einem Stoff oder Raum Wärme entziehen. Dazu wird die Kälte durch Verdampfen des flüssigen Kältemittels in einem Kreislauf erzeugt. Die Verflüssigung erfolgt durch Druckerhöhung und Kühlung. Die zur Kälteanlage gehörigen Bauelemente werden aufgeführt und als notwendig für die Aufrechterhaltung des geschlossenen Kreislaufs bezeichnet. Es werden weitere Begriffe definiert, u.a. der des Kältemittels, um den Geltungsbereich der Unfallverhütungsvorschrift abzustecken. Nach § 2 (3) sind «Kältemittel in der Anlage umlaufende Stoffe, durch deren Aggregatzustandsänderung Wärme entzogen und abgegeben wird».

8.5.2 Einteilung der Kältemittel

In § 3 (1) werden die Kältemittel entsprechend ihrer Eigenschaften in 3 Gruppen eingeteilt:

Gruppe 1
Nichtbrennbare Kältemittel ohne erhebliche gesundheitsschädigende Wirkung auf den Menschen,

Gruppe 2
Giftige oder ätzende Kältemittel oder solche, deren Gemisch mit Luft eine untere Explosionsgrenze von mindestens 3,5 Vol.-% hat,

Gruppe 3
Kältemittel, deren Gemisch mit Luft eine untere Explosionsgrenze von weniger als 3,5 Vol.-% hat.

Die Kältemittel R12 und R134a werden in der Anlage 1 der VBG 20 in die Gruppe 1 eingeordnet. Auf folgende Eigenschaften wird hingewiesen:

- sie sind nicht brennbar,
- haben nur geringe gesundheitsschädigende Wirkung,
- sind schwerer als Luft,
- bei hoher Konzentration besteht besonders in Bodennähe Erstickungsgefahr infolge des verringerten Sauerstoffanteils,
- bei Einwirkung von offenem Feuer, heißen und glühenden Metallflächen oder ultravioletten Strahlen (Lichtbogen) können giftige Zersetzungsprodukte entstehen,
- FCKW-Halon-Verbotsverordnung.

8.5.3 Bauvorschriften und Kennzeichnungen

In Teil III der Unfallverhütungsvorschrift werden die beim Bau und bei der Ausrüstung von Kälteanlagen einzuhaltenden Normen, technischen Regeln sowie Sicherheitsbestimmungen und Richtlinien der Berufsgenossenschaften aufgeführt. Weiterhin wird auf die Angleichung der nationalen an die EWG-Richtlinien hingewiesen. Zusammenfassend muß daraus die Empfehlung abgeleitet werden, bei Reparatur- und Instandsetzungsarbeiten ausschließlich Originalersatzteile zu verwenden, bei denen vorausgesetzt werden kann, daß die entsprechenden Vorschriften durch den Hersteller eingehalten werden.

Kälteanlagen müssen nach § 5 durch eine Reihe von Angaben gekennzeichnet sein. Der Umfang der Kennzeichnung sowie die Anwendung weiterer Bestimmungen richtet sich nach der Kältemittelgruppe und der Füllmenge. Für Anlagen mit Kältemitteln der Gruppe 1 und Füllmengen bis zu 10 kg (In Kfz-Klimaanlagen liegen die Füllmengen meist unter 2 kg.) ist die folgende Kennzeichnung vorgeschrieben:

- Hersteller, Lieferer oder Importeur,
- Typ, Baujahr oder Erzeugnisnummer,
- Kältemittel durch Angabe des Kurzzeichens nach DIN 8962 (z.B. R134a),
- Füllgewicht in kg,
- zulässiger Betriebsüberdruck der jeweiligen Druckstufe in bar.

Die Angabe des Kältemittels weist darauf hin, welche persönlichen Schutzausrüstungen gegen die Einwirkungen des Kältemittels vorhanden sein müssen, und daß eine Anlage nicht mit anderen Kältemitteln als dem angegebenen aufgefüllt werden darf.

An druckbeanspruchten Schläuchen und Schlaucharmaturen für Kältemittel müssen folgende Angaben deutlich erkennbar und dauerhaft angebracht sein:

- Hersteller, Lieferer oder Importeur,
- zulässiger Betriebsüberdruck in bar,
- Herstelljahr bei druckbeanspruchten Schläuchen.

Schläuche sind infolge Temperatur, Druck, Stofftransport und chemischem Angriff einer erhöhten Abnutzung unterworfen und müssen deshalb in regelmäßigem Abstand erneuert werden. Die Kennzeichnung wird gefordert, damit stets gleichartige Schläuche verwendet werden. Sie soll sich über die ganze Länge des Schlauches wiederholen.

8.5.4 Sicherheitseinrichtungen

In § 7 (1) fordert die Unfallverhütungsvorschrift: Die Kälteanlagen müssen mit Sicherheitseinrichtungen gegen Drucküberschreitung ausgerüstet sein, die so bemessen und eingestellt sein müssen, daß in jedem Teil der Anlage eine Überschreitung des zulässigen Betriebsüberdruckes um mehr als 10% verhindert wird.

Je nach Konstruktion der Anlage, speziell der Verdichterbauart, kommen als Sicherheitseinrichtungen bauteil- und typengeprüfte Schalter zur Anwendung. Die Bauteilprüfung für Druckschalter erfolgt nach DIN 32 733, die für Temperaturschalter nach DIN 3440.

Verwendet werden:

Sicherheitsdruckwächter (DWK)	sind Einrichtungen, die durch selbständiges Öffnen eines elektrischen Stromkreises eine Drucküberschreitung in der Kälteanlage oder in deren Teilen verhindern und den Stromkreis erst nach Druckabsenkung um die eingestellte Schaltdifferenz selbständig wieder schließen.
Sicherheitsdruckbegrenzer (DBK)	sind Einrichtungen, die durch selbständiges Öffnen eines elektrischen Stromkreises eine Drucküberschreitung in der Kälteanlage oder deren Teilen verhindern und die Druckerzeuger abschalten und gegen selbständiges Wiedereinschalten verriegeln. Sie können von Hand oder mittels Werkzeug rückstellbar sein.
Sicherheitsventile	sind Einrichtungen, die bei Überschreitung des eingestellten Druckes das Kältemittel ins Freie oder in Behälter abblasen. Sie sind meist gegendruckabhängig.
Berstsicherungen	sind Einrichtungen, die bei Überschreitung des konstruktiv- und herstellungsbedingten Grenzdruckes zerstört werden und die Ausblasöffnung freigeben. Sie sind gegendruckabhängig.

In Kälteanlagen werden die Drücke sowohl durch die Verdichterarbeit als auch durch Wärmeeinwirkungen von außen hervorgerufen. Letztere können auch im Stillstand der Anlage auftreten.

Bei Kälteanlagen mit Kältemitteln der Gruppe 1 bis zu einem Füllgewicht von 10 kg und Kältemitteln der Gruppe 2 bis zu einem Füllgewicht von 2,5 kg sind Sicherheitseinrichtungen nicht erforderlich, wenn durch die Beschaffenheit der Kälteanlage sichergestellt ist, daß kein höherer als der Betriebsüberdruck auftreten kann. Solche Anlagen sind eigensicher. Eigensicherheit wird erreicht, wenn der Verdichter infolge seiner Bauart keinen höheren als den Betriebsüberdruck erzeugen kann (erreichbar durch großen schädlichen Raum, Blockieren bei Druckerhöhung infolge geringer Antriebsleistung, zwischen

Druck- und Saugseite angeordnetes Überströmventil spricht bei Druckanstieg an). Zugleich muß der Wärmeeintrag in Teile der Anlage sicher vermieden werden (Abschalten der Anlage bei Ausfall der Zusatzgebläse).

Für Rohrleitungsabschnitte, die mit betriebsmäßig nicht zu betätigenden Absperreinrichtungen ausgerüstet sind und die nur von Sachkundigen betätigt werden, sind Sicherheitseinrichtungen gegen Drucküberschreitung nicht erforderlich. Betriebsmäßig absperrbare Ventile sind z.B. Magnetventile, Rückschlagventile und Expansionsventile. Absperreinrichtungen, die nicht betriebsmäßig betätigt werden dürfen, müssen gegen Betätigung durch Unbefugte gesichert sein. Das erfolgt mittels Sperre, Hülse, Kappe oder Bügel, die mittels Werkzeug entfernbar und bei Bedarf verplombbar sind.

8.5.5 Zusammenhang von Betrieb, Wartung und Instandhaltung

Die Unfallverhütungsvorschrift sollte in bezug auf Betrieb, Wartung und Instandsetzung sinngemäß angewendet werden. Dabei sollten der Kältemittelkreislauf der Kfz-Klimaanlage und der Einsatz von Wartungs- und Recyclinggeräten im Zusammenhang betrachtet werden. In diesem Sinne hat der Unternehmer die Versicherten vor der erstmaligen Aufnahme ihrer Tätigkeit und in angemessenen Zeitabständen, jedoch mindestens 1-mal jährlich über

- die Gefahren beim Umgang mit Kälteanlagen,
- die Sicherheitsbestimmungen und
- das Verhalten bei Unfällen oder Störungen und die dabei zu treffenden Maßnahmen

zu unterweisen. Inhalt der Unterweisung sollte sein:

- die gefährlichen Eigenschaften der Kältemittel,
- die übungsweise Durchführung von Sicherheitsmaßnahmen,
- Anweisungen über das Verhalten im Gefahrenfall,
- Belehrung über die festgelegten und gekennzeichneten Rettungswege,
- Hinweis auf die Bildung von Phosgen (Giftgas) aus chlorierten Kohlenwasserstoffen bei der Anwesenheit von offenen Flammen,
- Maßnahmen zur Beseitigung von Störungen,
- Aufbau und Wirkungsweise der Anlagen und Geräte,

- Gefahren beim Abtauen oder Reinigen von Anlagenteilen mit Dampf und heißem Wasser.

Der Unternehmer hat dafür zu sorgen, daß vor Beginn von Instandhaltungsarbeiten an kältemittelführenden Teilen das Kältemittel so weit entfernt wird, wie dies für die gefahrlose Durchführung der Arbeiten notwendig ist, § 21 (1). Kältemittelreste können sich unterkühlt unter Atmosphärendruck in Leitungen halten und später gefährlich werden. Bei Hautkontakt führen sie zu Erfrierungen.

Bei Feuerarbeiten (Schleifen, Schneiden, Schweißen, Löten) sind Vorbereitungen gegen Brandgefahr zu treffen. Brandgefahr besteht auch bei nichtbrennbaren Kältemitteln durch die Entzündung von verschleppten Ölresten oder von Dämmstoffen.

Werden Kältemittel in flüssigem Zustand in absperrbare Behälter umgefüllt, hat der Unternehmer dafür zu sorgen, daß diese nur so weit gefüllt werden, daß bei der höchstmöglichen Temperatur ein Gasraum von 5% des abgesperrten Behältervolumens verbleibt. Weitere Festlegungen über die Einrichtung und den Betrieb von Füllstationen werden in den Technischen Regeln Druckbehälter TRB 851 getroffen.

Der Unternehmer hat dafür zu sorgen, daß die Umstellung einer Kälteanlage auf ein anderes Kältemittel nur von Sachkundigen vorgenommen wird. Die Druckbehälter der Anlage werden dabei gemäß § 11 Druckbehälter-Verordnung einer Prüfung in besonderen Fällen unterzogen.

Zur Brandbekämpfung sind Feuerlöscheinrichtungen, die mit dem Kältemittel nicht gefährlich reagieren, in ausreichender Anzahl bereitzuhalten.

8.5.6 Persönliche Schutzausrüstungen

Der Unternehmer hat nach § 23 (1) persönliche Schutzausrüstung gegen Kältemittelwirkung zur Verfügung zu stellen. Diese muß außerhalb der gefährdeten Bereiche in betriebsbereitem Zustand aufbewahrt werden und leicht erreichbar sein. Bei Kälteanlagen mit Kältemitten der Gruppe 1 besteht die persönliche Schutzausrüstung aus Schutzhandschuhen und Augenschutz gegen die Einwirkung von flüssigem Kältemittel.

8.5.7 Prüfung durch Sachkundige

Kälteanlagen sind vor ihrer 1. Inbetriebnahme durch einen Sachkundigen auf *Dichtheit* und ihren *ordnungsgemäßen Zustand* zu prüfen. Diese Prüfungen sind auch erforderlich, wenn die Anlage geändert wurde oder länger als 2 Jahre außer Betrieb war. Eine Änderung liegt vor, wenn eine Anlage geöffnet und

- auf ein anderes Kältemittel umgestellt wird,
- eine bestehende Anlage erweitert oder umgebaut wird,
- wesentliche Ausbesserungsarbeiten vorgenommen werden.

Das Ergebnis der Prüfungen ist vom Sachkundigen zu bescheinigen. Die Bescheinigung ist aufzubewahren.

Dichtheitsprüfungen werden nach beendeter Montage als Druckprüfung zweckmäßigerweise mit einem inerten Gas durchgeführt. Der Prüfdruck darf den zulässigen Betriebsüberdruck nicht überschreiten.

In bezug auf die Durchführung von Prüfungen definiert die Unfallverhütungsvorschrift VBG 20 im §30:

Sachkundiger ist, wer aufgrund seiner fachlichen Ausbildung und Erfahrung ausreichende Kenntnisse auf dem Gebiet der Kältetechnik hat und mit den einschlägigen staatlichen Arbeitsschutzvorschriften, Unfallverhütungsvorschriften, Richtlinien und allgemein anerkannten Regeln der Technik (z.B. DIN-Normen, VDE-Bestimmungen, technischen Regeln anderer EG-Mitgliedstaaten) soweit vertraut ist, daß er den arbeitssicheren Zustand von Kälteanlagen beurteilen kann, z.B. Kälteanlagenbauer oder andere besonders dafür unterwiesene Personen.

Die Definition des Sachkundigen nach § 32 der Druckbehälterverordnung ist bereits in Abschnitt 8.1.3 angegeben worden.

Unabhängig von der Dichtheitsprüfung und der Prüfung des ordnungsgemäßen Zustandes der Kälteanlage werden die Druckbehälter, Rohrleitungen und Ausrüstungsteile durch Sachverständige gemäß § 31 der Druckbehälterverordnung geprüft.

8.5.8 Umgang mit Kältemitteln und Druckbehältern

Von den Druckgasen, die als Kältemittel in Kfz-Klimaanlagen verwendet werden, gehen gewisse Gefahren aus, die jedoch durch den sachgemäßen Umgang geringgehalten werden können. In den unterschiedlichen Regelwerken werden dazu folgende Hinweise gegeben:

Kältemittel stehen in Anlagen und Behältern allgemein unter Druck. Je tiefer der Siedepunkt des Kältemittels und je höher die Temperatur ist, die das Kältemittel angenommen hat, um so größer ist der Druck. Deshalb ist immer *Vorsicht* geboten *beim Öffnen von Anlagen und Behältern,* in denen Kältemittel eingeschlossen ist.

Schutzbrille tragen! Sie verhindert, daß Kältemittel in die Augen gelangt und dabei schwere Erfrierungsschäden verursacht.

Schutzhandschuhe tragen! Kältemittel lösen Öle und Fette und entfernen bei Hautkontakt den schützenden Fettfilm. Entfettete Haut ist empfindlich gegen Kälte und Krankheitskeime.

Die Haut vor flüssigem Kältemittel schützen! Das Kältemittel entzieht der Haut die zum Verdampfen erforderliche Wärme. Dabei können sehr tiefe Temperaturen erreicht werden. Örtliche Erfrierungen sind die Folge.

Keine Kältemitteldämpfe einatmen! Austretende Kältemitteldämpfe verdrängen die Atemluft. Erstickungserscheinungen sind beim Einatmen hoher Konzentrationen die Folge. Arbeitsplätze gut belüften.

Nicht rauchen! Kältemittel werden in der offenen Flamme, also auch in der Zigarettenglut, zersetzt. Es entstehen hochgiftige Substanzen, die bleibende Lungenschäden verursachen können.

Vorsicht bei Schweiß- und Lötarbeiten! Vor der Ausführung dieser Arbeiten: Kältemittel absaugen, Reste mit Stickstoff ausblasen, unbedingt Absauganlage einsetzen!

Die durch Einwirkung von Hitze und UV-Strahlung entstehenden Zersetzungsprodukte Chlorwasserstoff und Fluorwasserstoff sind giftig. Sie bewirken außerdem Korrosion an den Anlagenteilen.

Die Zersetzungsprodukte sind durch einen stechenden Geruch bemerkbar! Nicht einatmen, sofort für gute Lüftung des Raumes sorgen, andere Personen warnen!

Erste Hilfe!

- Bei Kältemittelkontakt mit Augen oder Schleimhäuten sofort ausgiebig mit fließendem Wasser spülen und danach den Augenarzt aufsuchen.
- Bei Kältemittelkontakt mit der Haut sofort benetzte Bekleidung entfernen und Hautstellen reichlich mit Wasser spülen.

- Personen, die Kältemitteldampf in hoher Konzentration eingeatmet haben, sofort an die frische Luft bringen. Bei eingeschränkter Atmung oder Atemstillstand den Betroffenen lagern, den Kopf in den Nacken beugen und Atemspende geben. Den Arzt rufen!

Druckbehälter keiner stoß- oder schlagartigen Bewegung aussetzen! Dabei können die Behälter stark verformt werden, so daß sie aufreißen. Dann verdampft das flüssig austretende Kältemittel schlagartig unter starker Kraftentwicklung. Wegfliegende Teile, z.B. Flaschenventile können Verletzungen bewirken.

Druckgasflaschen nur mit aufgeschraubter Schutzkappe transportieren! Die Schutzkappe verhindert das Abbrechen des Ventils bei unsachgemäßem Transport der Flasche.

Druckbehälter keiner zusätzlichen Erwärmung aussetzen! Z.B. kann sich eine Druckgasflasche, die in der Nähe der Heizung abgestellt ist, erwärmen. Damit ist eine Druckerhöhung verbunden, die schnell den zulässige Druck übersteigt.

Druckbehälter nicht über 50 °C erwärmen! Um gefährlich hohe Drücke zu vermeiden, ist diese Temperaturgrenze in der Druckbehälterverordnung festgelegt.

Nicht unkontrolliert erwärmen! Niemals den Behälter mit der offenen Flamme erwärmen. Örtliche Überhitzungen können Gefügeveränderungen des Werkstoffes bewirken, die die Festigkeit mindern. Neben der unkontrollierten Druckerhöhung besteht weiterhin die Gefahr der Kältemittelzersetzung.

Leere Behälter verschließen! Damit wird das Eindringen von Feuchtigkeit verhindert, die Korrosionsvorgänge an der Innenwandung begünstigen kann.

9 Wiederholungsfragen und Lösungen

1. Welche Einflüsse werden unter dem Begriff «thermische Behaglichkeit» zusammengefaßt?

2. Nennen Sie weitere Einflüsse, die die Qualität der Raumluft unangenehm beeinflussen.

3. Bei der Auslegung von Klimaanlagen wird die Umgebungsluft als Gasgemisch betrachtet. Nennen Sie die Komponenten dieses Gemisches.

4. Nennen Sie die physikalischen Größen, mit denen der Zustand der Luft beschrieben wird.

5. Was drückt die Kenngröße relative Feuchte der Luft aus?

6. Vergleichen Sie die Temperaturskalen von Kelvin und Celsius.

7. Wie heißt der physikalische Effekt, der bei der Abkühlung von Wasserdampf bei Normaldruck und 100 °C auftritt?

8. Welche Ursache haben natürliche Wettererscheinungen, wie die Nebelbildung bzw. der Niederschlag von Tau oder Rauhreif?

9. Skizzieren Sie die Erwärmungskurve des Wassers im Bereich –10...110 °C bei gleichbleibender Wärmezufuhr.

10. Welche Wärmeanteile enthält das Gasgemisch feuchte Luft?

11. Durch $\vartheta = 32$ °C und $\varphi = 0{,}4$ ist ein Luftzustand angegeben. Kann es sich dabei um Außenluft handeln? Wie groß ist der Wassergehalt dieser Luft? Wie groß ist der Wassergehalt einer Luftmenge von einem Kilogramm dieser Luft?

12. Luft von $\vartheta = 32$ °C und $\varphi = 0{,}4$ wird auf 25 °C abgekühlt. Welche Temperatur muß der Wärmeaustauscher mindestens besitzen, wenn Kondensatbildung vermieden werden soll? Welche relative Luftfeuchtigkeit weist die Luft nach dem Abkühlen auf? Liegt der erreichte Luftzustand im Behaglichkeitsbereich?

13. Nennen Sie die Bauelemente des Kältemittelkreislaufs und erklären Sie ihre Funktion.

14. Welche Verdichterbauarten werden im Kältemittelkreislauf üblicherweise verwendet?

15. Erläutern Sie die Wirkungsweise der elektromagnetischen Kupplung des Verdichters.

16. Im Kältemittelkreislauf ist auf der Hochdruckseite ein Schauglas vorhanden. Welche Aussagen sind aus der Beobachtung des Schauglases bei laufender Anlage ableitbar?

17. Das thermostatische Expansionsventil mißt mit einem Sensor die Kältemitteltemperatur am Verdampferaustritt. Wie wird diese Information verarbeitet? Was wird damit beeinflußt?

18. Ist mit einer Festdrossel eine Regelung der durchströmenden Kältemittelmenge möglich? Wenn ja, wovon ist sie abhängig?

19. Der Kältemittelkreislauf wird mit einer Festdrossel betrieben. An welcher Stelle im Kreislauf befindet sich der Auffangbehälter (Akkumulator)?

20. Wie wird der Druck im Hochdruckteil der Anlage überwacht? Welche Bauelemente werden bei welchen Drücken geschaltet?

21. Nennen Sie die Baugruppen der Klimaanlage, die zur Luftbehandlung dienen, in der Reihenfolge der Durchflußrichtung.

22. Was versteht man unter dem Begriff «Reheat-Betrieb»? Zu welchem Zweck wird er angewendet?

23. Warum wird die Verdampfertemperatur mit einem Thermostat überwacht?

24. Mit welchen Stellgliedern (Aktoren) wird die Luftaufbereitung in der Klimaanlage gesteuert?

25. Wann wird zweckmäßigerweise die Betriebsart ECON (ökonomischer Betrieb) gewählt?

26. Welche Hinweise zur Bedienung der Klimaanlage würden Sie Ihren Kunden geben?

27. Nennen Sie Kältemittel, die üblicherweise in Kälteanlagen eingesetzt werden. Welche Kältemittel werden heute in Pkw-Klimaanlagen verwendet?

28. Zu welcher Stoffgruppe der Kohlenwasserstoffe gehören R12 und R134a?

29. Welcher Stoff ist in R134a im Gegensatz zu R12 nicht enthalten?

30. Durch welchen physikalischen Vorgang wird eine wirksame Kühlung der zu klimatisierenden Luft erreicht? Wie heißt die Baugruppe des Kältemittelkreislaufs, in der dieser Vorgang stattfindet?

31. Warum ist das Element Chlor, das im Kältemittel R12 gebunden ist; für den Ozonabbau in der Stratosphäre verantwortlich?

32. Welche gesetzliche Grundlage verbietet die Produktion und Verwendung von FCKWs?

33. Die Bezeichnung der Kältemittel wird aufgrund ihrer chemischen Zusammensetzung gebildet. Welche Elemente enthält R11? Ist es ein FCKW?

34. Kohlendioxid und weitere Spurengase in der Atmosphäre bremsen die Wärmeabgabe der Erde in den Weltraum. Wie wird diese physikalische Erscheinung bezeichnet?

35. Besitzt R134a ein Treibhauspotential?

36. Welche Aufgabe hat das Kältemaschinenöl im Kältemittelkreislauf der Anlage?

37. Das Kältemaschinenöl muß vor allen Dingen gut mit dem in der Anlage verwendeten Kältemittel mischbar sein. Welche Öltypen werden in R12- und in R134a-Anlagen verwendet?

38. Was ist hinsichtlich des Kompressoröls bei der Umstellung einer Klimaanlage von R12 auf R134a zu beachten?

39. Warum sollen beim Ausbau von Baugruppen des Kältemittelkreislaufs die Anschlüsse der kältemittelführenden Leitungen sofort mit Kappen oder Stopfen verschlossen werden?

40. Worin besteht der Unterschied zwischen Service- und Recyclinggeräten, die bei der Wartung von Klimaanlagen eingesetzt werden?

41. Welche Arbeitsgänge umfaßt das Aufarbeiten (Recycling) des Kältemittel-Öl-Gemisches?

42. Warum muß die Anlage vor dem Wiederbefüllen mit Kältemittel evakuiert werden?

43. Warum wird das beim Evakuieren in der Anlage erzeugte Vakuum eine bestimmte Zeit gehalten, bevor die Neubefüllung begonnen wird?

44. Wie kann bei der Neubefüllung der Anlage die erforderliche Füllmenge eingehalten werden?

45. Wie wird die einzufüllende Ölmenge bestimmt?

46. Wie wird das Kompressoröl in die Anlage eingefüllt?

47. Welche Verfahren zur Suche von Leckagen im Kältemittelkreislauf sind möglich?

48. Welche gesetzliche Vorschrift macht die Umstellung der mit R12 betriebenen Klimaanlagen auf R134a erforderlich?

49. Was ist unbedingt bei der Umstellung der Anlagen von R12 auf R134a zu beachten?

50. Welche Ursache kann dazu führen, daß die Anlage nur in periodischen Intervallen funktioniert?

51. Die Klimaanlage kühlt unzureichend. Am Schauglas zeigen sich ständig Blasen. Die Manometer des Servicegerätes zeigen im Hoch- und im Niederdruckteil ständig zu niedrige Drücke. Auf welche Ursache führen Sie die Funktionsstörung zurück? Welche Maßnahmen sind zu treffen?

52. Die Klimaanlage kühlt unzureichend, an der Leitung vom Filter bzw. Trockner zum Expansionsventil ist Reif- oder Taubildung zu beobachten, der Druck im Niederdruckteil ist zu gering. Auf welche Ursache führen Sie die Funktionsstörung zurück? Welche Maßnahmen sind zu treffen?

53. Die Klimaanlage kühlt unzureichend. Die Leitungen auf der Niederdruckseite sind heiß. Die Manometer am Servicegerät zeigen auf der Hochdruck- und auf der Niederdruckseite zu hohe Drücke. Auf welche Ursache führen Sie die Funktionsstörung zurück? Welche Maßnahmen sind zu treffen?

54. Nennen Sie die Vorschriften, die im Zusammenhang mit Arbeiten am Kältemittelkreislauf von Kfz-Klimaanlagen zu berücksichtigen sind.

55. Was wird laut Druckbehälterverordnung unter dem Begriff «Druckgasbehälter» verstanden?

56. Druckbehälter unterliegen der Prüfpflicht. Welche Personen sind zur Abnahme von Prüfungen an Druckbehältern berechtigt?

57. Wer erteilt die Erlaubnis zum Betreiben von Füllanlagen, mit denen Druckgase in ortsbewegliche Druckgasbehälter zur Abgabe an andere abgefüllt werden? Welche Geräte sind davon betroffen?

58. Welche Eigenschaften müssen Personen besitzen, um Füllanlagen bedienen zu dürfen?

59. Wer ist für die Unterweisung der Personen verantwortlich, die Füllanlagen bedienen? Wann muß die Unterweisung erfolgen? Wie ist der Nachweis zu führen?

60. Über welche Themen sind Personen, die Umgang mit Füllanlagen haben, zu unterweisen?

61. Wie wird die Füllmenge einer Recyclingflasche bestimmt?

62. Als Grenztermin für die Verwendung von R12 ist in der FCKW-Halon-Verbotsverordnung der 30.06.1998 genannt. Im Rahmen der Wartung eines Kfz wird die volle Funktionsfähigkeit der mit R12 gefüllten Klimaanlage festgestellt. Darf die Anlage weiter betrieben werden?

63. Als Grenztermin für die Verwendung von R12 ist in der FCKW-Halon-Verbotsverordnung der 30.06.1998 genannt. Im Rahmen der Wartung eines Kfz wird festgestellt, daß die Kühlleistung der mit R12 betriebenen Klimaanlage unzureichend ist. Wie ist zu verfahren?

64. Welche «gefährlichen Güter» fallen im Zuge der Wartung und Instandsetzung von Kfz-Klimaanlagen an?

65. Welche Einrichtungen sind an der Beseitigung von Abfällen beteiligt?

66. Wie erfolgt der Nachweis der Abfallbeseitigung?

67. Welche Sicherheitseinrichtungen werden nach Unfallverhütungsvorschrift VBG 20 zum Schutz der Kälteanlage gegen Überdruck vorgesehen?

68. Was ist beim Befüllen von Druckgasbehältern mit einem Kältemittel, das sich im flüssigen Zustand befindet, zu beachten?

69. Mit welchem Mittel kann der Füllzustand einer Druckgasflasche überprüft werden? Was ist zu tun, wenn eine Überfüllung festgestellt wird?

70. Was gehört zur persönlichen Schutzausrüstung von Personen, die mit der Wartung des Kältemittelkreislaufs von Kfz-Klimaanlagen beschäftigt sind?

71. Welche Anforderungen stellt die VBG 20 an den Sachkundigen?

Lösungen

1. Temperatur, Feuchte und Strömungsgeschwindigkeit der Raumluft sowie die Temperatur der Raumumschließungsflächen beeinflussen das Behaglichkeitsempfinden der Menschen, die sich in dem Raum aufhalten.

2. Geruchs- und Ekelstoffe, Tabakrauch, Stäube, Pollen, Abgase.

3. Trockene Luft und Wasserdampf.

4. Temperatur, Druck, Dichte, Wassergehalt, Enthalpie.

5. Sie gibt das Verhältnis von der in der Luft enthaltenen Wasserdampfmenge zu der bei der vorhandenen Temperatur möglichen Wasserdampfmenge (Sättigungsmenge) an

   $\varphi = x/x_s$

6.

Tabelle 9.1 Vergleich von Kelvin- und Celsiusskala

Vergleichspunkte	**Kelvin**	**Celsius**
der Gefrierpunkt des Wassers	273 K	0 °C
der Siedepunkt des Wassers	373 K	100 °C
der absolute Nullpunkt	0 K	–273 °C

7. Kondensation

8. Die Abkühlung feuchter Luft unter die Taupunkttemperatur.

9.

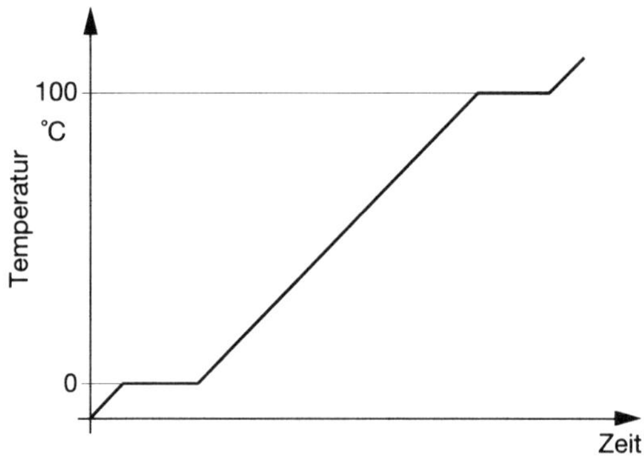

Bild 9.1
Erwärmungskurve des Wassers

10.

- ❑ den Wärmeinhalt der trockenen Luft,
- ❑ den Wärmeinhalt des enthaltenen Wasserdampfes,
- ❑ die Verdampfungswärme des enthaltenen Wasserdampfes.

11. Aus dem h-x-Diagramm ist ersichtlich, daß Außenluft diese Werte annehmen kann.

$x = 12$ g H_2O/kg Luft
$= 12$ g H_2O/kg Luft $\cdot$ 1,15 kg Luft/m^3 Luft $= 13{,}8$ g H_2O/m^3 Luft

12. Die Temperatur des Wärmeaustauschers muß über der Taupunkttemperatur $\vartheta_{TP} = 17$ °C liegen. Die relative Feuchte beträgt nach dem Abkühlen $\varphi = 0{,}6$. Der erreichte Zustand liegt außerhalb des Behaglichkeitsbereiches.

13.

Verdampfer	Durch Verdampfen des flüssig eintretenden Kältemittels wird der Luft Wärme entzogen, so daß sie gekühlt wird.
Verdichter	Das Kältemittel wird auf einen höheren Druck komprimiert. Damit verbunden ist eine Erwärmung auf eine höhere Temperatur.
Kondensator	Durch Absenken der Temperatur wird das Kältemittel verflüssigt. Das erfolgt durch Kühlen mit der Außenluft.

Sammler bzw. Trockner	Damit werden mechanische Verunreinigungen aus dem flüssigen Kältemittel herausgefiltert und dieses getrocknet.
Expansionsventil	Das Kältemittel wird auf den Verdampfungsdruck entspannt.

14.

- Reihenkolbenverdichter (heute in Kfz-Klimaanlagen selten) einfach- oder doppeltwirkende Axialkolbenverdichter mit konstantem Hubraum als Taumelscheibenverdichter,
- einfach wirkende Axialkolbenverdichter mit variablem Hubraum als Taumelscheibenverdichter,
- Flügelzellenverdichter.

15. Sie schaltet den Kraftfluß von der ständig durch den Motor angetriebenen Riemenscheibe zur Verdichterwelle und ermöglicht so die Regelung der Leistung des Kältemittelkreislaufs.

16. Die Beobachtung des Schauglases läßt Rückschlüsse zu auf

- den Füllzustand der Anlage (eventueller Kältemittelmangel),
- die Verschmutzung des Kältemittels durch Zerstörung des Filterblockes,
- die Ölmenge (angezeigt durch Schlierenbildung im Kältemittel), wenn zu viel Öl aufgefüllt wurde.

17. Der Sensor ist mit einem Druckmedium gefüllt, das sich bei Erwärmung ausdehnt. Die Volumenänderung bewirkt eine Veränderung des Drosselquerschnittes im Expansionsventil, so daß der Kältemittelstrom geregelt wird.
Temperaturerhöhung am Verdampferaustritt bewirkt eine größere Öffnung des Drosselquerschnittes. Damit kann eine größere Kältemittelmenge hindurchfließen, so daß die Verdampfertemperatur absinkt.

18. Die Festdrossel besitzt selbstregelnde Wirkung. Die Durchflußmenge ist abhängig von der Druckdifferenz zwischen der Ein- und Ausgangsseite des Drosselrohres sowie von der Unterkühlung des Kältemittels. Die Lage des Bläschenpunktes bestimmt die Durchflußmenge.

19. Der Akkumulator ist zwischen dem Verdampfer und dem Verdichter angeordnet.

20. Die Überwachung erfolgt mit dem 3-Funktionen-Schalter (Trinary-Schalter):
1. Die elektromagnetische Kupplung wird beim Überschreiten des Höchstdruckes ausgeschaltet.
2. Die elektromagnetische Kupplung wird beim Unterschreiten des Mindestdruckes ausgeschaltet.
3. Das Kondensatorgebläse wird beim Erreichen des Einschaltdruckes ein- und beim Unterschreiten des Ausschaltdruckes ausgeschaltet.

21. Filter – Lüfter – Verdampfer – Wärmeaustauscher – Luftverteilung.

22. «Reheat» ist das Erwärmen der am Verdampfer zu tief gekühlten Luft. Der «Reheat-Betrieb» wird gewählt, um die Luft zu trocknen. Dadurch kann bei kühlem und feuchtem Wetter das Beschlagen der Scheiben verhindert werden.

23. Der Thermostat verhindert das Vereisen des Verdampfers dadurch, daß der Kompressor über die elektromagnetische Kupplung ausgeschaltet wird, wenn sich die Verdampfertemperatur dem Gefrierpunkt nähert.

24.

- ❑ Schalter zur Betätigung der elektromagnetischen Kupplung,
- ❑ Schalter für das Kondensatorgebläse, Klappenverstellung Zuluft /Umluft,
- ❑ Drehzahlverstellung des Elektrolüfters,
- ❑ Klappenverstellung für den Heizungs-Wärmeaustauscher,
- ❑ Magnetventil zum Zuschalten des Heizungs-Wärmeaustauschers,
- ❑ Klappenverstellungen in der Luftverteilung.

25. In dieser Betriebsart ist der Kältemittelkreislauf ausgeschaltet. Nur die Heizung kann betrieben werden, so daß sie gewählt wird, wenn die Außentemperatur niedriger als die gewünschte Innentemperatur liegt.

26.
- Temperatur niemals unter 18 °C einstellen, da sonst Erkältungsgefahr besteht,
- kalten Luftstrom nicht auf den Körper richten,
- Wechsel von niedriger Innentemperatur zu hoher Außentemperatur belastet den Kreislauf, deshalb bei häufigem Aus- und Einsteigen nicht zu niedrige Innentemperatur wählen; durch die Sonne aufgeheiztes Fahrzeug vor dem Einschalten der Klimaanlage gut durchlüften; danach bei geschlossenen Scheiben die Raumluft im Umluftbetrieb herunterkühlen; rechtzeitig nachregulieren; Klimaanlage nicht ausschließlich im Umluftbetrieb betreiben; Reheat-Betrieb bei feuchter Witterung verhindert das Beschlagen der Scheiben.

27. Kohlendioxid (CO_2), Ammoniak (NH_3), Methan, Ethan, Propan, R12, R134a.

28. R12: FCKW
R134a: FKW

29. Chlor

30. Das Verdampfen des Kältemittels bewirkt die wirksame Kühlung der Luft. Der Vorgang findet im Verdampfer statt.

31. Ozon und FCKWs werden in der Stratosphäre durch die UV-Strahlung der Sonne in ihre Elemente, unter anderem Sauerstoff (O) und Chlor (Cl), zerlegt. Der atomare Sauerstoff verbindet sich mit dem Chlor, so daß er für die erneute Ozonbildung nicht mehr zur Verfügung steht.

32. Die FCKW-Halon-Verbotsverordnung.

33. C-Atome: 0 + 1 = 1
H-Atome: 1 – 1 = 0
F- Atome: = 1
Cl-Atome: 4 – 1 = 3
Somit handelt es sich um ein FCKW.

34. Treibhauseffekt

35. Ja, *GWP* = 0,26

36. Das Kältemaschinenöl dient der Schmierung des Kompressors.

37. R12: Mineralöle
R134a: synthetische Öle auf Polyesterbasis (POE) oder Polyalkylenglycol-Basis (PAG)

38. Da sich die synthetischen Öle, die für R134a vorgeschrieben sind, nicht mit Mineralöl mischen, ist ein vollständiger Ölwechsel durchzuführen.

39. Das Eindringen von Feuchtigkeit in die Anlage muß so gut wie möglich verhindert werden. Auch die Umgebungsluft in der Werkstatt enthält Feuchtigkeit.

40. Mit Servicegeräten wird das Kältemittel-Öl-Gemisch aus der Anlage abgesaugt und in eine Recyclingflasche gefüllt. Zur Aufarbeitung des Kältemittels wird die Recyclingflasche an einen anderen Ort gebracht. Die Anlage wird nach dem Abschluß der Instandsetzungsarbeiten aus einer anderen Druckgasflasche mit neuem Kältemittel befüllt.
Mit dem Recyclinggerät kann das abgesaugte Kältemittel unmittelbar aufgearbeitet und anschließend wieder verwendet werden.

41.

- Trocknen (Entzug der Feuchtigkeit),
- Herausfiltern mechanischer Verunreinigungen,
- Abscheiden des Kältemaschinenöls,
- chemisches Binden und Herausfiltern von Säuren.

42. Während der Reparatur- und Instandsetzungsarbeiten eingedrungene Luft und Feuchtigkeit müssen durch Evakuieren vor der Neubefüllung aus der Anlage entfernt werden.

43. Mit Hilfe des Unterdruckmanometers des Servicegeräts wird festgestellt, ob die Anlage das Vakuum bei abgestellter Pumpe eine bestimmte Zeit hält. Damit wird die Dichtheit der Anlage überprüft.

44. Die einzufüllende Ölmenge wird im Bedienfeld des Geräts eingestellt.
Das Servicegerät ist mit einem Füllzylinder ausgerüstet, an dessen Skala die einzufüllende Ölmenge kontrolliert werden kann.
Das Servicegerät verfügt über eine Waage, die während des Füllvorganges beobachtet werden kann.

45. Einzufüllende Ölmenge = abgesaugte Ölmenge + 10 cm^3 + 40 cm^3 · Anzahl der neu eingebauten Aggregate.
Eventuell neu eingebaute Aggregate sind Verdampfer oder Kondensator.

46. Es gibt 2 Möglichkeiten:
1. Wenn der Kompressor ausgewechselt wurde, kann das Öl vor dem Einbau in den Kompressor gefüllt werden.
2. Das Öl wird mit dem Vakuum, das beim Evakuieren in der Anlage erzeugt wurde, über den Serviceanschluß der Niederdruckseite eingesaugt.

47.

- Sichtkontrolle, nur zum Erkennen großer Leckagen mit Ölaustritt,
- UV-Suchlampe, setzt voraus, daß dem Kältemittel ein Suchadditiv zugesetzt wurde, das im UV-Licht fluoreszierend leuchtet,
- elektronisches Lecksuchgerät erschnüffelt austretendes Kältemittel und gibt gegebenenfalls durch Signalton und LED-Anzeige eine Warnung.

48. Die FCKW-Halon-Verbotsverordnung.

49.

- keine Vermischung der Kältemittel zulassen,
- keine Vermischung der Kompressorenöle zulassen,
- vollständigen Austausch des Kompressorenöls vornehmen,
- Wechsel des Filters bzw. Trockners,
- Vorschriften der Fahrzeughersteller zum Austausch von Bauteilen beachten, besonders hinsichtlich
  – der Dichtungen im Kompressor und an den Leitungsanschlüssen und -verschraubungen,
  – sowie der Schläuche.

50. Der Filter bzw. Trockner ist übersättigt, so daß sich Feuchtigkeit im Kältemittel befindet. Das führt zum Einfrieren und Zusetzen des Expansionsventils und anschließenden Wiederauftauen durch das relativ warme, sich vor dem Expansionsventil stauende Kältemittel.

51. Infolge Leckage tritt Kältemittelmangel auf. Maßnahmen: Lecksuche, Entleeren der Anlage, Instandsetzen bzw. Austauschen des defekten Bauelementes, Evakuieren, Neubefüllen und Dichtheitsprüfung der Anlage.

52. Die Entspannung des Kältemittels findet bereits im Filter bzw. Trockner statt, da dieser infolge starker Verschmutzung zugesetzt ist. Maßnahme: Filter bzw. Trockner wechseln.
Ursache der Verschmutzung kann starker Verschleiß im Verdichter sein. Beim Absaugen des Kältemittels Ölmenge kontrollieren und bei der Neubefüllung gegebenenfalls korrigieren. Wenn erforderlich, Verdichter austauschen.

53. Störungen im Expansionsventil, Wärmesensor nicht richtig montiert oder defekt, Störungen im Mechanismus des Expansionsventils. Maßnahmen: Kontrolle des Wärmesensors auf richtigen Einbau und Unversehrtheit, eventuell Expansionsventil wechseln.

54.

- Druckbehälterverordnung,
- Technische Regeln Druckgase,
- FCKW-Halon-Verbotsverordnung,
- Unfallverhütungsvorschriften Kälteanlagen, Wärmepumpen und Kühleinrichtungen,
- Gefahrgutverordnung Straße,
- Technische Regeln Transport von Druckgasbehältern,

55.

- ortsbewegliche Behälter zum Transport von Druckgasen, die an einem anderen Ort entnommen werden,
- Innendruck beträgt bei 15 °C mehr als 1 bar.

Dazu gehören:

- Kältemittelflaschen, aus denen Anlagen befüllt werden,
- Kältemittelflaschen, die aus Anlagen abgesaugtes Kältemittel aufnehmen, das an einem anderen Ort entsorgt wird.

56. Sachverständige und Sachkundige nach den Bestimmungen der Druckbehälterverordnung (§ 31 und 32).

57. Die Erlaubnis wird aufgrund eines schriftlichen Antrags durch das Gewerbeaufsichtsamt erteilt. Der Antrag muß gestellt werden für Servicegeräte, mit denen Kältemittel aus Anlagen in Kältemittelflaschen abgefüllt werden, die zur Entsorgung an den Kältemittelhandel weitergegeben werden.

58.
- Sie müssen das 18. Lebensjahr vollendet haben,
- die erforderliche Sachkenntnis besitzen und
- Zuverlässigkeit für die Erfüllung der Aufgabe erwarten lassen.

59.
- Verantwortlich ist der Arbeitgeber bzw. sein Beauftragter,
- Durchführung vor Aufnahme der Tätigkeit und wiederkehrend mindestens jährlich,
- Unterschrift des Arbeitnehmers in einem Nachweisbuch.

60.
- Gefahren im Umgang mit Kältemitteln,
- Sicherheitsvorschriften,
- Maßnahmen bei Störungen, Schadensfällen, Unfällen,
- Handhabung der Schutzausrüstung, Bedienung und Wartung der Füllanlage.

61. Füllmenge [kg] = Flaschenvolumen [l] · Füllfaktor [kg/l];
Füllfaktor = 0,75 kg/l

62. Ja, denn es ist kein Eingriff in den Kältemittelkreislauf erforderlich.

63. 2 Möglichkeiten:

- das Kältemittel R12 wird abgesaugt und die Anlage außer Betrieb gesetzt,

- das Kältemittel R12 wird abgesaugt und die Anlage auf das Ersatzkältemittel R134a umgestellt.

64.
- Kältemittel,
- Kältemaschinenöl,
- Kältemittel-Öl-Gemisch,
- gebrauchte Filter bzw. Trockner.

65.
- der Abfallerzeuger (die Kfz-Werkstatt),
- der Abfallbeförderer,
- der Abfallbeseitiger,
- die Aufsichtsbehörde.

66. Der Abfallerzeuger füllt einen Begleitschein in 6 Exemplaren aus. Mit den einzelnen Exemplaren weisen die Beteiligten die ordnungsgemäße Ausführung ihrer Tätigkeit gegenüber der Aufsichtsbehörde nach. Dazu werden die jeweiligen Exemplare in einem Nachweisbuch abgelegt, das jeder Beteiligte zu führen hat.

67. Sicherheitsdruckwächter, Sicherheitsdruckbegrenzer, Sicherheitsventile, Berstsicherungen.

68. Im Druckgasbehälter muß ein Gasvolumen von mindestens 5% des Behältervolumens verbleiben, damit die Ausdehnung der Flüssigkeit bei Temperaturerhöhungen ausgeglichen werden kann.

69. Die Füllung von Druckgasflaschen wird durch Wägen bestimmt. Bei Überfüllung ist sofort Druckgas in einen anderen Behälter abzufüllen.

70. Schutzbrille, Schutzhandschuhe.

71. Kenntnisse auf dem Gebiet der Kältetechnik, die durch fachliche Ausbildung und Erfahrungen gewonnen wurden, Kenntnis der Arbeitsschutzvorschriften, Unfallverhütungsvorschriften und allgemein anerkannte Regeln der Technik, soweit sie zur Beurteilung des arbeitssicheren Zustandes einer Kälteanlage erforderlich sind.

Formelzeichen

Formelzeichen	Maßeinheit	Bedeutung
c	kJ/kgK	spezifische Wärmepotential
GWP	–	Treibhauspotential eines Stoffes
h	Ws/kg	Enthalpie
l	l	Rauminhalt eines Druckbehälters
m	kg	Masse
ODP	–	Ozonabbaupotential eines Stoffes
p	bar	Druck, Betriebsdruck
p_{amb}	bar	Umgebungsdruck
p_e	bar	effektiver Druck
Q	kJ	Wärmemenge
R	J/kgK	Gaskonstante
r	Ws/g	spezifische Verdampfungswärme
T	K	absolute Temperatur
V	m^3	Volumen
x	g/kg	Wassergehalt der Luft, absolute Feuchte
xs	g/kg	Sättigungsdampfmenge
ρ	kg/dm^3	Dichte
ρ_L	kg/m^3	Dichte der trockenen Luft
ρ_D	kg/m^3	Dichte des Wasserdampfes
ϑ	°C	Temperatur
ϑ_{Tp}	°C	Taupunkttemperatur
φ	–	Relative Feuchte
Δ	–	Differenz

Literaturverzeichnis

BAADE, W.: *Elektrische Lüftungs- und Raumklimatechnik: Kleinanlagen.* 1. Aufl. Berlin: Verlag Technik, 1996 (Elektropraktiker-Bibliothek).
BERLINER, P.: *Klimatechnik.* 2., verb. u. erw. Aufl., Würzburg: Vogel Buchverlag, 1984.
IHLE, C.: *Klimatechnik mit Kältetechnik.* 3., neubearb. u. erw. Aufl. Schriftenreihe: Der Heizungsingenieur. Bd. 4., Düsseldorf: Werner Verlag, 1996.
IHLE, C., BADER, R., GOLLA, M.: *Tabellenbuch Sanitär, Heizung, Lüftung.* Hannover: Schroedel Schulbuchverlag, 1991.
BOSCH: *Kraftfahrtechnisches Taschenbuch.* 22. Aufl., Düsseldorf: VDI Verlag, 1995.
ULRICH, H.-J.: Kältetechnik, Bd. I. Augsburg: J. P. Himmer GmbH, 1994.
REISNER, K.: *Fachwissen Kältetechnik für die industrielle und gewerbliche Praxis.* 2., völlig neu bearb. Aufl., Karlsruhe: C. F. Müller Verlag,1993.
SUN ELECTRIC DEUTSCHLAND GmbH: Grundlagen der Kfz-Klimatechnik. Firmenschrift.
BITZER Kühlmaschinenbau GmbH & Co. KG: Kältemittel-Report 5. Sindelfingen: Firmenschrift.
PETZ, M.: *Kohlenwasserstoffe als Kältemittel.* Renningen-Malmsheim: expert-Verlag,1995.
VBG 20 vom 1. April 1988 in der Fassung vom 1. Januar 1993 mit Durchführungsanweisungen vom Januar 1993: Unfallverhütungsvorschrift 13.7: Kälteanlagen, Wärmepumpen und Kühleinrichtungen.
TOYOTA MOTOR CORPORATION: *HFC134a-Klimaanlagen – Grundlagen und Instandsetzung.* Pub. No. RM280M, Overseas Service Division: Japan 1991.
WAECO – Werkstattausrüstung: Katalog, Ausgabe '97-1. Emsdetten: WAECO – Wähningen & Co. GmbH.
WEDEL, K.: *Die neue Druckbehälterverordnung.* Stand April '97. Augsburg: WEKA Fachverlag für technische Führungskräfte GmbH.
Erstschulung für den Gefahrgutfahrzeugführer – Basiskurs. 7. Aufl., München: Verlag Heinrich Vogel GmbH, 1996.
MERCEDES-BENZ MARKETING ACADEMY: Grundlagen zur Sachkunde Fahrzeugklimaanlagen. 1. Aufl., Stuttgart-Untertürkheim: 1996.
KRUG, N.: *Lehrgangsmaterial zum Seminar für Entsorgung von Kältemittel aus Kfz-Klimaanlagen.* RWTÜV-Schulungsmaterial, Gernsheim: Kissel-Verlag, 1991.
ADAM OPEL AG RÜSSELSHEIM: Technische Neuheiten. Technische Dokumentationen Modelljahr '96 – Heizung, Lüftung, Klimaanlagen.
WAECO-Schulungshandbuch: Fahrzeugklimatisierung – Technische Grundlagen.
VEREINIGTE MOTOR-VERLAGE GmbH & Co. KG: mot-spezial: Klimaanlagen. Stuttgart: mot AUTOS TEST TECHNIK, Nr. 16, 22. Juli 1995, S. 76–87.
REICHELT, J., SCHLEPPER, H. (Hrsg.): Kältetechnik im Kraftfahrzeug. Vorträge des Seminars Kälte- bzw. Klimaanlagen in Personenwagen, in Omnibussen und in Lastkraftwagen. FH Karlsruhe, 17. u. 18. September 1984. Karlsruhe: Müller, 1985.

HARTMANN, K.: *Grundlagen der Kälte- und Klimatechnik.* Stuttgart: Verlag Gustav Kopf GmbH.
BEERMANN, K.: Erfahrungen mit der R12-Substitution in bestehenden Gewerbekälte- und Klimaanlagen. Ki Luft- und Kältetechnik, 9 (1998), S. 407–411.
SHELL: Kältemaschinenöle. Mitteilungen des Shell Technischen Dienstes VSM/2019/10.96.
Keep cool. Klimaanlagen werden sparsamer und umweltfreundlicher – CO_2, das Kältemittel der Zukunft. kfz-betrieb, 7, 1997, S. 36–46.

Stichwortverzeichnis